Tasty Food
食在好吃

超人气
咖啡馆轻食餐

杨桃美食编辑部 主编

江苏凤凰科学技术出版社

目录

PART 1
咖啡馆轻食

PART 2
人气美味沙拉

PART 3
吐司&三明治

PART 4
饭食&面食

PART 5
名店好喝汤品

附录
DIY甜点

单位换算

固体类 / 油脂类

1大匙 = 15克
1小匙 = 5克

液体类

1大匙 = 15毫升
1小匙 = 5毫升
1杯 = 200毫升

在家享受咖啡馆轻食餐

“轻食”一说，最早是从欧洲而来的。在法国，午餐的“Lunch”具有轻食的意味；此外，常被解释为餐饮店中快速、简单食物的“Snack”，也是轻食的代表词汇之一。所以说，轻食广义上是指简易、不用花太多时间就能吃饱的食物。

与传统饮食不同，轻食通常自由搭配，创意无限，简单又好吃，因此深受年轻人的喜爱。制作轻食的过程中也不会产生过多的油烟，可让人们在轻松愉快的氛围里尽情地享受美味。

本书为大家介绍了多款咖啡馆风的美味轻食，全书分为咖啡馆轻食、人气美味沙拉、吐司＆三明治、饭食 & 面食、名店好喝汤品以及 DIY 甜点等单元，是一本集合了基础、变化、创新于一书的轻食食谱。如果你吃腻了大鱼大肉，不妨换个口味，尝尝时下流行的人气轻食美味吧！

PART 1

咖啡馆轻食

轻食在咖啡馆中，似乎已经有反客为主的趋势。现在大家不只是喝咖啡时才想起它，而是任何时候都想享受这种分量不多、吃法简单又能一人独享的轻松美食。本单元推荐了多款咖啡馆特色轻食，让你拥有多重选择，享受属于自己的美味时光。

圣女果拌奶酪

材料

圣女果10颗，奶酪1块，罗勒2根，小黄瓜1根，黄甜椒半个，黑橄榄10颗

调料

白酒醋1大匙，橄榄油1大匙，盐少许，黑胡椒粉少许

做法

1. 各材料洗净。圣女果切片；黄甜椒切小块；黑橄榄切小片；小黄瓜切小块；罗勒切丝，备用。
2. 将奶酪去膜，再切成小块备用。
3. 把圣女果、黄甜椒、黑橄榄、小黄瓜、罗勒、奶酪，与所有调料一起搅拌均匀即可。

圣女果夹虾仁

材料

圣女果8颗，虾仁8尾

酱料

橄榄油1大匙，盐少许，黑胡椒粉少许，辣椒水少许

做法

1. 将圣女果切去蒂头，用小汤匙将果肉挖空，洗净后沥干备用。
2. 将虾仁洗净，背部划刀、去除沙筋，放入沸水中汆烫，沥干后放凉备用。
3. 将所有酱料拌匀，成为酱汁备用。
4. 依序将虾仁填入圣女果里，盛盘后淋入酱汁，并以豆苗（材料外）装饰即可。

干煎鱼片莎莎酱

材料
鲷鱼片1片，红甜椒1/3个，西蓝花2朵

调料
辣椒水少许，柠檬汁1小匙，盐少许，黑胡椒少许

酱料
西红柿1个，洋葱1/3个，红辣椒1/3根，蒜2瓣，香菜2根

做法
❶ 各材料洗净。鲷鱼片放入平底锅干煎（不放油）至熟，备用。
❷ 红甜椒切片，与西蓝花一起放入锅中煎熟备用。
❸ 将洋葱、西红柿、红辣椒、蒜、香菜都洗净切碎，再与所有调料搅拌均匀，即为莎莎酱。
❹ 将煎好的鲷鱼片放入盘中，再放入煎好的红甜椒与西蓝花，最后淋入莎莎酱即可。

干煎黑椒旗鱼

材料
新鲜旗鱼300克，土豆1个，红甜椒半个，绿豆苗1把

调料
香茅粉1小匙，盐少许，黑胡椒粉少许

做法
❶ 将旗鱼切成厚片状，洗净后吸干水分备用。
❷ 土豆去皮洗净切丁；红甜椒洗净切小块，备用。
❸ 将旗鱼片放入平底锅中加油煎熟，加入土豆与红甜椒炒熟，再加入所有调料一起翻炒均匀即可。
❹ 摆盘时可用绿豆苗装饰。

白酒奶油土豆

材料

土豆	1个
蘑菇	50克
小胡萝卜	10根
洋葱	半个
西芹	1根
蒜	2瓣
红心橄榄	10颗
新鲜百里香	2根
奶油	30克
水	350毫升

调料

白酒	100毫升
月桂叶	2片
西式综合香料	1小匙

做法

1. 土豆洗净，连皮切成块状；蘑菇洗净；洋葱洗净，切片；西芹去粗皮后洗净切小块；蒜洗净切厚片、百里香洗净切碎，备用。
2. 小胡萝卜和红心橄榄洗净。
3. 将白酒、水、月桂叶、西式综合香料、奶油放入锅中以中火煮开，再将土豆、小胡萝卜、蘑菇、洋葱、西芹、蒜、百里香，依软硬度顺序加入，煮熟、煮软。
4. 将煮好的材料捞起盛盘后，加入红心橄榄装饰即可。

法式苹果煎鸭胸

材料

苹果1个，鸭胸1片，绿豆苗适量，奶油1大匙

调料

白糖1大匙，红酒50毫升，盐少许，黑胡椒粉少许

做法

❶ 先将鸭胸洗净，然后将鸭胸切成菱格状，放入平底锅以小火煎至双面酥黄，再滤油备用。

❷ 苹果去皮切成片状，沾上白糖，放入平底锅以中火煎至双面呈焦糖状备用。

❸ 将锅中的糖液再加入红酒，以中火略煮至稠状，加入盐、黑胡椒粉与奶油混匀备用。

❹ 将鸭胸切片排盘，再排入煎好的苹果片，并以绿豆苗装饰，最后淋上煮好的酱汁即可。

意式炖蔬菜

材料

西葫芦1条，玉米笋5根，红甜椒半个，蒜2瓣，罗勒2根

调料

橄榄油20毫升，白酒醋1大匙，盐少许，黑胡椒粉少许，月桂叶2片，水500毫升

做法

❶ 西葫芦洗净切成小块；玉米笋洗净去蒂；红甜椒洗净切片；蒜切片；罗勒洗净备用。

❷ 把西葫芦、玉米笋、红甜椒、蒜、罗勒依序加入锅中，再加入所有调料，盖上锅盖以中小火炖煮约15分钟即可。

培根土豆炒蛋

材料

培根2片，土豆1个，鸡蛋2个，红辣椒1/3个，蒜3瓣，洋葱1/3个，葱1根，奶油1大匙

调料

盐少许，黑胡椒粉少许，西式综合香料少许

做法

1. 土豆去皮洗净后切成小块状，再放入沸水中煮软；鸡蛋打散成蛋液，备用。
2. 培根切小粒；蒜与红辣椒洗净切片；洋葱洗净切丝；葱洗净切丝。
3. 取一个炒锅，倒入1大匙色拉油（材料外），放入培根粒、蒜片、葱丝、洋葱丝爆香，再加入土豆块，以中火先炒香。
4. 续加入蛋液一起翻炒均匀，再加入奶油和所有调料，翻炒均匀即可。

西红柿奥姆蛋

材料

西红柿丁50克，鸡蛋3个，奶酪丝30克，洋葱丁20克，动物性鲜奶油100毫升，无盐奶油半小匙，色拉油适量

调料

盐1/4匙，黑胡椒粉适量

做法

1. 鸡蛋打散，加入盐和50毫升动物性鲜奶油拌匀。热一锅，放入适量色拉油，加入洋葱丁炒香，取出备用。
2. 取一平底锅，放入适量色拉油，倒入蛋液，并以木勺略微搅动。
3. 然后于锅中放入西红柿丁、洋葱丁和奶酪丝，先将两边折起成菱形，再对折并整形成椭圆形，即成奥姆蛋卷。
4. 将50毫升动物性鲜奶油加入无盐奶油，以小火熬煮成酱汁淋至奥姆蛋卷上即可。

熏鲑鱼迪克蛋

材料

熏鲑鱼	150克
鸡蛋	1个
英式松饼	1个
豌豆苗	5克
红卷须生菜	2克
水	500毫升
融化奶油	15毫升
蛋黄	2个

调料

Ⓐ

白醋	10毫升
盐	1/4小匙
黑胡椒粉	适量

Ⓑ

白酒	50毫升
柠檬汁	10毫升

做法

1. 起一锅,放入水,加入白醋、盐煮至约60℃。
2. 然后于锅中打入鸡蛋，以筷子绕蛋画圆、拨动蛋至成型，即为水波蛋，捞起备用。
3. 蛋黄加入白酒拌匀,隔水加热至约60℃,至呈现凝固,然后加入柠檬汁拌匀,再加入融化奶油拌匀,即成荷兰酱。
4. 英式松饼摆上豌豆苗、红卷须生菜、熏鲑鱼和水波蛋，淋上荷兰酱，撒上适量黑胡椒粉即可。

波本香料烤猪排

材料

猪排	1片（约300克）
无盐奶油	1/2大匙
面包粉	10克
色拉油	少许

腌料

法国波本酒	200毫升
意大利综合香料	1/4小匙
盐	1/4小匙
白胡椒粉	1/4小匙

做法

❶ 猪排洗净加入所有腌料，腌约20分钟。

❷ 热一平底锅，倒入少许色拉油，放入腌制好的猪排，以大火煎至两面金黄。

❸ 将猪排放入烤箱，以200℃烤约5分钟后取出，撒上面包粉再烤约1分钟。

❹ 将腌料留下的腌汁加入无盐奶油，以小火熬煮至浓稠即为酱汁，淋至猪排上即可。

大厨私房招

南瓜蔬菜燉饭

材料

杏鲍菇丁20克，鲜香菇丁20克，洋葱丁5克，西芹丁3克，大米50克，红甜椒丁5克，黄甜椒丁5克，熟南瓜泥50克，动物性鲜奶油1大匙，高汤300毫升

调料

橄榄油1大匙，盐1/4小匙，意大利综合香料1/4小匙

做法

1. 大米泡水约20分钟，捞起沥干水分，备用。
2. 起锅，放入橄榄油，加入杏鲍菇丁、鲜香菇丁、洋葱丁、西芹丁略为炒香。
3. 于锅中加入大米和高汤，以小火慢煮至所需熟度，再加入双色甜椒丁和动物性鲜奶油、南瓜泥、盐、意大利综合香料拌炒均匀即可。

炸虾三明治

材料
草虾3尾，厚片吐司1片，鸡蛋1个，圣女果片2片，低筋面粉20克，面包粉2大匙，豌豆苗适量，色拉油适量

调料
Ⓐ 盐1/4小匙，白胡椒粉1/4小匙，柠檬汁5毫升
Ⓑ 美乃滋1/2小匙

做法
1. 厚片吐司对切，放入烤箱烤至金黄色后取出；鸡蛋和低筋面粉拌匀成面糊，备用。
2. 草虾洗净去壳去肠泥，加入所有调料A，沾裹调好的面糊，再沾上面包粉。
3. 热一油锅至170℃，放入草虾，炸约2分钟至熟，取出沥油。
4. 将吐司依序夹入圣女果片、豌豆苗、炸虾，并淋上美乃滋即可。

香煎鲑鱼排

材料
新鲜鲑鱼排200克，色拉油适量

调料
意大利综合香料1/4小匙，盐1/4匙

做法
1. 将鲑鱼排双面皆平均撒上所有调料。
2. 起一锅，放入适量色拉油，放入鲑鱼排，以小火煎熟即可。

大厨私房招

奶油五谷饭

材料
五谷共100克，水120毫升，奶油1/2小匙

做法
五谷泡水30分钟，然后放入电饭锅中，加入水，按下煮饭键，煮至开关跳起，加奶油拌匀即可。

虾卵沙拉蛋

材料

鸡蛋　3个
腌制虾卵　1大匙

调料

沙拉酱　1大匙
盐　2大匙

做法

1. 鸡蛋放入锅中加入约800毫升的冷水（分量外），冷水需淹过鸡蛋约2厘米，再加入2大匙盐转至中火，将冷水加热至滚沸后转至小火煮约10分钟，捞出鸡蛋冲冷水至鸡蛋冷却，备用。
2. 剥除鸡蛋壳，将每个鸡蛋切对半，取出蛋黄用汤匙压碎，将蛋黄碎、虾卵以及沙拉酱拌匀即为蛋黄酱。
3. 将拌好的蛋黄酱填回切对半的蛋白中即可。

大厨私房招

煮蛋时锅中的水要加入少许的盐或醋，这样可以防止蛋壳破碎，除此之外从冰箱取出的鸡蛋，也必须等到鸡蛋恢复到常温状态再下锅，煮好的蛋用冷水冲则有助于剥除蛋壳。

金枪鱼天使面

材料

罐头金枪鱼　1/4罐
天使面条　100克
洋葱　15克
蒜　1瓣
酸豆　20克
黑橄榄　6颗
干辣椒　2根
白酒　80毫升
香芹　10克
鸡蛋　1个

调料

盐　适量
白胡椒粉　适量
橄榄油　适量

做法

❶ 将洋葱、蒜、酸豆、黑橄榄、干辣椒分别洗净切碎；香芹洗净切细末，备用。

❷ 取一锅加水，加热至70℃，将鸡蛋连壳放入，煮约15分钟后敲开蛋壳即为温泉蛋。

❸ 煮一锅沸水，放入盐，再加入天使面条煮3分钟后取出，略拌些橄榄油（1升沸水放7克盐和100克面）。

❹ 热锅倒入适量橄榄油加热，放入洋葱碎、蒜碎、干辣椒碎炒香，放入酸豆与黑橄榄炒匀，再放入罐头金枪鱼、白酒炒匀，加入天使面条拌匀。

❺ 最后以适量的盐、白胡椒粉调味，起锅前撒上香芹碎，盛盘后放上温泉蛋即可。

西班牙烘蛋派

材料

鸡蛋	6个
洋葱	30克
圣女果	4个
火腿片	2片
红甜椒	30克
黄甜椒	30克
奶酪	50克
西蓝花	30克
黑橄榄	4颗
土豆	30克
奶油	60克

调料

盐	适量
白胡椒粉	适量
综合香料粉	适量

做法

❶ 洋葱、圣女果、火腿、红黄甜椒及黑橄榄皆洗净切小片；西蓝花、土豆洗净切成小丁备用。

❷ 将鸡蛋、盐、白胡椒粉充分打散成蛋液；奶酪切丁备用。

❸ 取一小型平底锅，放入奶油融化后，依序加入洋葱、圣女果、火腿、甜椒、黑橄榄、西蓝花、土豆炒香，再加入综合香料粉炒香。

❹ 然后将蛋液加入，在锅内快速搅拌，直至蛋液呈半熟凝固状态时，放奶酪丁，连同锅放入烤箱，以180℃烤约8分钟即可。

大厨私房招

因为锅要放入烤箱，切记一定要是钢铁制成的，特别是锅把，禁止使用塑料制品。如果不使用烤箱，也可等待奶酪融化后，再翻面将蛋煎熟。若想使烘蛋形状好看，可以将中空的圆形模放于锅中，再将蛋液倒入其中煎制。

蛤蜊蒸嫩蛋

材料
蛤蜊100克，鸡蛋3个，水200毫升

调料
盐少许，白胡椒粉少许

做法
1. 先将蛤蜊洗净，取一锅，放入蛤蜊、适量的冷水与一大匙盐，让蛤蜊静置吐沙1个小时，备用。
2. 再将全蛋洗净敲入一容器中，均匀打散，再加入盐、白胡椒粉，混合拌匀。
3. 将搅拌均匀的蛋液以筛网过滤至另一容器中，用耐热保鲜膜将盘口封起来，再放入电饭锅中。
4. 于电饭锅外锅加入一杯水，蒸约10分钟，再将锅盖打开，放入吐好沙的蛤蜊，续蒸3～5分钟即可。

双色蒸蛋

材料
咸蛋2个，鸡蛋2个

调料
盐少许，黑胡椒粉少许，香油1小匙

蘸酱
番茄酱少许

做法
1. 先将咸蛋去壳后切片；把鸡蛋的蛋黄与蛋清分开，备用。
2. 取一容器，先包上保鲜膜，再将咸蛋片铺入容器中，倒入蛋清，放入蒸笼中以大火蒸约5分钟。
3. 将蛋黄与所有的调料一起搅拌均匀，再倒入装有蛋白的容器中，转中火蒸约15分钟后取出，凉后切片，食用前用少许番茄酱蘸食即可。

和风温泉蛋

材料
鸡蛋2个，柴鱼片1大匙，葱1根，水2大匙

调料
和风酱油1大匙，白糖1小匙，盐少许，黑胡椒粉少许，香油1小匙，七味粉适量

做法
❶ 先将葱洗净，切成细丝备用。
❷ 取一锅冷水，将鸡蛋放入，再以中火加热，以65℃煮约8分钟，再捞起泡冷水备用。
❸ 取一容器，放入水和除七味粉外的所有调料并搅拌均匀成酱汁备用。
❹ 把煮好的温泉蛋去壳对切，放入一容器中，再将调好的酱汁均匀的淋在温泉蛋上，最后撒上葱花、柴鱼片及七味粉即可。

香菇嫩鸡卷

材料
鲜香菇丁30克，蘑菇丁30克，鸡肉丁200克，洋葱丁20克，奶酪丝20克，起酥皮1片，蛋黄半个，色拉油少许，动物性鲜奶油100毫升

调料
盐1/4小匙，胡椒粉1/4小匙

做法
❶ 热一锅，放入少许色拉油，加入洋葱丁、鸡肉丁、鲜香菇丁和蘑菇丁炒香。
❷ 于锅中加入所有调料，以小火炒匀，盛盘置凉。
❸ 将炒好的菜肴放于起酥皮上，放上奶酪丝，卷起封口，表面涂上蛋黄。
❹ 将起酥皮放入烤箱中，以200℃烤约3分钟至金黄色取出，即可食用。

PART 2

人气美味沙拉

欧洲很多的传统沙拉，不仅有蔬果生菜，还会加入热面包、薄片牛肉、熏鸡肉、海鲜等丰富的食材。有些蔬果甚至还会经过烘烤或是热炒，在食材的组合上也是十分随意，这种沙拉既清爽、开胃，又可以让人有饱腹感，用来减肥也不错哦！

意式火腿沙拉

材料

火腿片100克，法国面包2片，生菜50克，紫莴苣20克，萝卜苗5克，苜蓿芽5克，红甜椒10克

调料

意大利陈年酒醋60毫升，橄榄油180毫升，盐适量，黑胡椒粉适量，百里香叶少许

做法

❶ 生菜、紫莴苣、萝卜苗、苜蓿芽、红甜椒洗净，沥干水分切细；法国面包片放入烤箱中略烤至上色，备用。

❷ 取平底锅小火加热后，先加入陈年酒醋及适量的盐、黑胡椒粉和百里香叶略煮一下，再加入橄榄油续煮10～20秒即成意大利陈年酒醋酱。

❸ 将火腿片卷上紫莴苣、萝卜缨、苜蓿芽、红甜椒，放在烤好的面包上，淋上加热过的意大利陈年酒醋酱即可。

野莓鸡肉沙拉

材料

鸡胸肉1付，什锦生菜100克，新鲜蓝莓适量

调料

什锦野莓酱15克，油醋汁50毫升，盐适量，黑胡椒粉适量，白酒适量，草莓适量

做法

❶ 取一容器，放入洗净的鸡胸肉及盐、黑胡椒粉和白酒，腌渍10分钟。

❷ 煮一锅水，沸腾后转小火保持微沸状态，放入腌制好的鸡胸肉煮约10分钟后取出，待冷却后切片备用。

❸ 什锦生菜洗净，泡冰水冰镇后取出，沥干备用。草莓洗净对切。

❹ 将什锦野莓酱与油醋汁、洗净的新鲜蓝莓一起搅拌均匀，加入煮好的鸡肉片与什锦生菜、草莓，混合均匀即可。

鸡肉蔬菜沙拉

材料

鸡胸肉30克，西芹20克，生菜30克，紫莴苣20克，圣女果15克，蓝奶酪丁20克

调料

橄榄油30毫升，白酒醋10毫升，柠檬汁5毫升，白胡椒粉适量

酱料

西红柿1个，洋葱1/3个，红辣椒1/3根，蒜2瓣，香菜2棵

做法

❶ 鸡胸肉洗净放入沸水中烫熟、切丁；西芹洗净切段；生菜、紫莴苣洗净撕小片，圣女果洗净对切。

❷ 将鸡肉丁和所有蔬菜加入蓝奶酪丁拌匀。

❸ 将所有调料混合均匀，淋在拌好的蔬菜上即可。

橙汁海鲜沙拉

材料

鱿鱼20克，鲜虾20克，蛤蜊20克，洋葱丝30克，西红柿10克，高汤200毫升

调料

Ⓐ 柳橙汁60毫升，白酒醋60毫升，橄榄油180毫升，盐适量，胡椒粉适量 Ⓑ 盐适量，胡椒适量

做法

❶ 鱿鱼洗净切圈状；鲜虾洗净去壳；蛤蜊洗净，备用。

❷ 先将柳橙汁倒入碗中，慢慢加入白酒醋及适量的盐、胡椒粉和橄榄油充分搅拌即成橙汁油醋汁酱。

❸ 取锅放入高汤煮至沸腾，分别放入鱿鱼、鲜虾、蛤蜊烫熟，取出备用。

❹ 西红柿洗净去蒂切粗丝，加入洋葱丝、鱿鱼、鲜虾、蛤蜊，再加入盐、胡椒及橙汁油醋汁酱拌匀即可。

海鲜西红柿沙拉

材料

草虾 6只
鱿鱼 1只
洋葱末 少许
西红柿 2个

酱料

辣椒末 1大匙
蒜末 1大匙
香芹末 1大匙
柠檬汁 30毫升
橄榄油 100毫升
盐 少许
黑胡椒粉 少许

做法

❶ 将草虾洗净烫熟后去头去壳；鱿鱼洗净切花、烫熟，泡冰水至冰凉后沥干备用。
❷ 将所有酱料混拌均匀成酸辣酱备用。
❸ 将洋葱末泡冰水10分钟，沥干备用。
❹ 将西红柿洗净切片摆盘，撒上洋葱末，再摆上草虾与鱿鱼，淋上酸辣酱即可。

菲力牛肉沙拉

材料

菲力牛肉120克，莴苣（绿莴苣及紫莴苣）150克，苜蓿芽3克，红甜椒条3克，高汤300毫升

酱料

白酒醋60毫升，姜30克，白糖适量，盐适量，黑胡椒粉适量，橄榄油180毫升

做法

❶ 菲力牛肉洗净切片，备用。

❷ 取锅放入高汤煮至沸腾，再放入菲力牛肉片汆烫至约八分熟时捞起。

❸ 姜洗净去皮切成小碎丁，取平底锅以小火加热后，先加入白酒醋及适量的白糖、盐和黑胡椒粉略煮一下，再加入姜碎、橄榄油续煮10～20秒即成姜醋汁。

❹ 将菲力牛肉片拌入姜醋汁，再将洗净的莴苣围在大碗的边缘，最后放上苜蓿芽及红甜椒条装饰即可。

蝴蝶面鸡肉沙拉

材料

蝴蝶意大利面400克，鸡胸肉3块，橄榄油少许，生菜适量，蒜少许，洋葱少许，胡萝卜少许，西芹少许，罗勒6片，奶酪适量

调料

橄榄油1匙，柠檬汁1匙，盐适量，黑胡椒粉适量

做法

❶ 将生菜、蒜、洋葱、胡萝卜、西芹洗净切片或段，罗勒洗净切碎备用；奶酪切成适当大小。

❷ 将鸡胸肉洗净煎熟，放凉后再切片。

❸ 在盆内将柠檬汁与橄榄油混合，再加盐、黑胡椒粉拌匀成酱汁。

❹ 将蝴蝶面用水煮12分钟，煮至微软再沥掉水分，洒些橄榄油充分地搅拌后放凉。

❺ 将蔬菜、奶酪，与蝴蝶面、鸡肉一起盛盘，再淋上调好的酱汁即可。

虾仁莴苣沙拉

材料

虾仁　120克
莴苣　150克
（绿莴苣及紫莴苣）
绿豆苗　少许
法国面包丁　20克
香芹碎　3克
高汤　200毫升

酱料

白酒醋　60毫升
姜　30克
白糖　适量
盐　适量
胡椒粉　适量
橄榄油　180毫升

做法

❶ 取锅放入高汤煮至沸腾，再放入洗净的虾仁以小火汆烫至熟捞起；法国面包丁放入烤箱中略烤至上色，备用。

❷ 莴苣洗净沥干水分，切片备用。

❸ 姜去皮洗净切成小碎丁，取平底锅以小火加热后，先加入白酒醋及适量的白糖、盐和胡椒粉略煮一下，再加入姜碎、橄榄油续煮10~20秒即成姜醋汁。

❹ 取一碗，先放入莴苣片，再将虾仁放上，撒上烤过的法国面包丁、洗净的绿豆苗，最后淋入姜醋汁，撒上香芹碎即可。

苹果鸡丝沙拉

材料

苹果	2个
鸡胸肉	250克
西芹	120克
红甜椒	1个
黄甜椒	1个
姜片	1片

调料

Ⓐ

米酒	1大匙
盐	1/2小匙

Ⓑ

橄榄油	2大匙
苹果醋	1大匙
盐	1小匙
枫糖浆	2小匙

做法

❶ 将鸡胸肉与姜片洗净，一起放入碗中，加入调料A腌入味，再放入烤箱烤熟，待凉切丝。

❷ 西芹去皮，洗净切丝，放入水中汆烫，捞起放入冷水中泡凉。

❸ 红甜椒、黄甜椒洗净，去蒂去籽，放入冰水中泡10分钟后捞出切丝。

❹ 苹果去皮切丝，放入加有少许盐(分量外)的冰开水中浸泡5分钟，再沥干盛入盘中，加入鸡胸肉、西芹、红甜椒、黄甜椒。

❺ 将调料B倒入小碗中调匀，淋在盘中即可。

辣味鲜鱼沙拉

材料

鲷鱼肉 120克
胡萝卜 20克
白萝卜 20克
中筋面粉 少许
高汤 200毫升
色拉油 适量

调料

玉米莎莎酱 2大匙
盐 适量
胡椒粉 适量

做法

1. 胡萝卜、白萝卜洗净切条，放入煮沸的高汤中烫熟，摆盘备用。
2. 鲷鱼肉洗净沥干，以盐、胡椒粉调味，外层均匀沾上中筋面粉备用。
3. 平底锅放入适量的色拉油烧热，将鲷鱼片煎熟，放入铺有胡萝卜、白萝卜条的盘中，最后淋上玉米莎莎酱即可。

大厨私房招

玉米莎莎酱

材料

A. 玉米粒60克，洋葱碎20克，香菜碎10克，红辣椒碎5克

B. 柠檬汁60毫升，橄榄油180毫升，盐适量，胡椒粉适量

做法

将材料A放入大碗中；材料B混合拌匀，倒入大碗中与材料A一起拌匀即可。

甜椒海鲜沙拉

材料

虾10只，鱿鱼1只，洋葱半个，四季豆6条，红辣椒1个，色拉油1大匙，香菜少许，奶油10克

调料

匈牙利甜椒粉1小匙，西式综合酱料少许，盐少许，白胡椒粉少许

做法

1. 虾洗净去沙筋、去须、划开背部去壳；鱿鱼去肚，洗净切小圈，再放入沸水中汆烫过水备用。
2. 洋葱洗净切丝；红辣椒洗净切片；四季豆洗净切片备用。
3. 炒锅加入色拉油，再加入洋葱、红辣椒、四季豆，以中火略爆香，续加入虾、鱿鱼、奶油与所有调料一起翻炒均匀。
4. 关火后盛盘，摆上香菜即可。

酸辣海鲜沙拉

材料

墨鱼1只，旗鱼1块，鲜虾10尾，小黄瓜1/2根，圣女果（对切）少许，香菜少许

酱料

红油3大匙，水5大匙，辣椒粉1大匙，姜末1大匙，香茅白5小段，柠檬叶5片，椰子糖1大匙，盐1小匙，柠檬汁适量

做法

1. 酱料拌匀（柠檬汁除外），以小火煮至沸腾，再加入柠檬汁拌匀后熄火，滤除杂质即为酸辣海鲜酱，备用。
2. 墨鱼洗净切小段；旗鱼洗净切小块；鲜虾去肠泥后洗净；小黄瓜洗净切条，备用。
3. 依序将墨鱼、旗鱼、鲜虾放入沸水中烫熟，再放入冰开水中，待凉后捞起沥干，备用。
4. 将以上材料与对切的圣女果和酸辣海鲜酱拌匀，最后摆上香菜即可。

越式河粉沙拉

材料

河粉1人份，绿豆芽少许，胡萝卜丝少许，小黄瓜丝少许，罗勒碎少许，圣女果（对切）少许，虾酱1大匙，炒香的花生（去膜拍碎）1大匙，开水2大匙

酱料

白糖1.5匙，蒜末15克，米醋3大匙，泰式鱼露2大匙

做法

1. 先将开水及白糖混合，搅拌至白糖溶化后依序加入米醋、泰式鱼露和蒜末搅拌均匀，即成越式凉面酱；绿豆芽洗净烫熟，泡入冰水中待凉备用。
2. 将河粉、绿豆芽、胡萝卜丝、小黄瓜丝、圣女果、罗勒碎、适量的越式凉面酱、虾酱及花生碎拌匀即可。

甜豆块鲜虾沙拉

材料

草虾仁200克，甜豆块30克

调料

甜桃油醋酱2大匙

做法

1. 煮一锅水至沸腾，将草虾仁和甜豆块放入沸水中烫熟，捞起沥干，放凉备用。
2. 将甜桃油醋酱和草虾仁、甜豆块拌匀即可。

大厨私房招

甜桃油醋酱

材料

甜桃200克，意大利综合香料1/4小匙，柠檬汁20毫升，橄榄油1/2小匙，盐1/4小匙，黑胡椒末1/4小匙

做法

将甜桃洗净沥干，去籽后切成小丁，加入其余材料拌匀即可。

泰式奶酪海鲜沙拉

材料

虾仁 30克
鱿鱼 30克
蛤蜊 20克
洋葱丁 10克
红甜椒丁 10克
黄甜椒丁 10克
绿豆苗 适量
奶酪 6块

酱料

泰式酸辣酱 20毫升
柠檬汁 5毫升
黑胡椒粉 适量
盐 适量

做法

1. 虾仁、鱿鱼、蛤蜊洗净，分别放入沸水中烫熟，捞起放凉；鱿鱼切圈段备用。
2. 将所有酱料混合均匀成酱汁备用。
3. 将虾仁、鱿鱼、蛤蜊、洋葱丁、红甜椒丁、黄甜椒丁、绿豆苗及奶酪混合，并淋上酱汁拌匀即可。

备注：鱿鱼又名透抽，就是鲜鱿鱼，体积大的就叫鱿鱼，小的叫小卷，而介于鱿鱼与小卷之间（15~18厘米）的鲜鱿鱼即是鱿鱼。

葡萄柚金枪鱼沙拉

材料

葡萄柚1颗，罐头金枪鱼1罐，葡萄干适量，生菜丝200克，小黄瓜末少许、苜蓿芽少许

调料

橄榄油15毫升，苹果醋15毫升，柠檬汁15毫升，白胡椒粉少许，美乃滋200克

做法

❶ 葡萄柚洗净去皮，果肉切小块；金枪鱼沥掉油水备用。

❷ 将所有材料与调料放进大碗中搅拌均匀即可。

什锦菇暖沙拉

材料

鲜香菇30克，鲍鱼菇30克，洋菇30克，蒜碎20克，香菜碎10克，橄榄油20毫升，荷兰黄金西红柿片20克

酱料

意大利陈年酒醋60毫升，盐适量，白胡椒粉适量，橄榄油180毫升

做法

❶ 热锅，加入意大利陈年酒醋及适量的盐、白胡椒粉拌匀，再加入橄榄油拌匀，续煮10~20秒即为意大利陈年酒醋汁。

❷ 鲜香菇、鲍鱼菇、洋菇洗净，切成块状备用。

❸ 热一平底锅，放入橄榄油，将蒜碎爆香后，依序放入鲜香菇、鲍鱼菇、洋菇，拌炒至香味溢出，淋上意大利陈年醋汁拌炒均匀，最后加入荷兰黄金西红柿片，撒上香菜碎即可。

通心粉沙拉

材料

通心粉80克，红甜椒20克，黄甜椒20克，生菜50克，高汤200毫升

酱料

红葱头碎适量，蒜碎适量，白醋20毫升，盐适量，白胡椒粉适量，芥末酱10克，橄榄油60毫升

做法

1. 取汤锅，放入高汤煮至沸腾时，放入通心粉以中火煮10分钟至熟，捞起沥干；生菜洗净切段；红甜椒、黄甜椒洗净切丁，备用。
2. 将红葱头碎、蒜碎放入大碗中，加入白醋及适量的盐和白胡椒粉拌匀，再加入芥末酱拌匀后，慢慢倒入橄榄油至酱汁变浓稠，再搅拌均匀即成芥末橄榄酱。
3. 将通心粉捞出，与生菜、红甜椒、黄甜椒混合，最后拌入芥末橄榄酱即可。

脆绿吐司沙拉

材料

吐司1片，生菜叶3片，鲷鱼肉1片，圣女果3颗，牛奶50毫升，鸡蛋2个，黄甜椒1/3个

调料

和风酱汁60毫升，白糖1小匙，盐少许

做法

1. 鲷鱼肉洗净切成小条状，煎至双面变色至熟备用。
2. 将鸡蛋、牛奶、白糖、盐混合均匀，再将吐司切大块，浸泡在调料中至软，放入烧热的平底锅煎至表面上色。
3. 生菜切小片泡冰水冰镇，再滤干水分；圣女果洗净切片；黄甜椒洗净去籽切片，备用。
4. 将所有蔬菜装入盘中铺底，再摆入鲷鱼条、吐司丁，最后淋入和风酱汁即可。

日式生菜沙拉

材料

生菜	50克
玉米	1个
西红柿块	100克
小黄瓜片	40克

调料

酱油	200毫升
味醂	60毫升
柠檬汁	20毫升
苹果醋	30毫升
芥末子	2大匙
白糖	2大匙

做法

1. 将所有的调料放入果汁机中，盖上盖。
2. 按瞬转键，以一按一放的方式打约5秒钟成酱汁取出。
3. 玉米整条放入锅中煮约10分钟后取出放凉，切小段后将玉米核去掉。
4. 依序将生菜、玉米、西红柿块和小黄瓜片放入盘中，淋上3大匙酱汁即可。

德式土豆沙拉

材料

培根丁30克，土豆丁150克，洋葱碎20克，葱末20克，香芹碎20克，蒜碎10克，红葱头碎1个

调料

白醋20毫升，盐适量，黑胡椒粉适量，芥茉酱10克，橄榄油60毫升

做法

❶ 将红葱头碎、蒜碎放入大碗中，加入白醋及适量的盐和黑胡椒粉拌匀，再加入芥茉酱拌匀后，慢慢倒入橄榄油至酱汁变稠，搅拌均匀成芥末橄榄酱。

❷ 热锅，将培根丁炒脆，再加入洋葱碎炒至有香味时盛出。

❸ 将土豆丁与炒好的培根丁、洋葱碎放在大碗中混合均匀，淋上芥末橄榄酱，最后撒上葱末及香芹碎即可。

烤玉米沙拉

材料

黄甜玉米1个，莴苣（绿莴苣及紫莴苣）150克，西红柿20克，香芹碎3克，高汤200毫升

调料

法式油醋汁2大匙（做法参考37页）

做法

❶ 莴苣洗净沥干切片后，与洗净切好的西红柿混合备用。

❷ 取一汤锅，先放入高汤煮至沸腾，再放入黄甜玉米煮熟，取出，再放入烤箱中以180℃烤5~8分钟至上色后，取出切成小段。

❸ 将莴苣片、西红柿装盘，再于其上放置玉米段，最后淋上法式油醋汁，撒上香芹碎即可。

卡普列兹沙拉

材料

西红柿片80克，马自拉奶酪片80克，罗勒叶3克

调料

橄榄油20毫升，黑胡椒粉3克，盐适量

做法

❶ 将西红柿片及意大利马自拉奶酪片交错叠排成一圈，撒上盐、黑胡椒粉。

❷ 再将罗勒叶切丝撒在上面，并淋上橄榄油即可。

柠檬圣女果沙拉

材料

柠檬汁1大匙，圣女果300克，洋葱末150克，姜末1大匙，香芹碎1大匙

调料

红辣椒末1小匙，盐1小匙

做法

❶ 圣女果洗净沥干，对半切后，与姜末、洋葱末、红辣椒末、盐拌匀。

❷ 热一平底锅，放入2大匙色拉油（材料外）烧热，放入圣女果以小火炒至香味溢出。

❸ 将圣女果取出摆盘，食用前滴入柠檬汁，撒些香芹碎即可。

乡村面包沙拉

材料

乡村面包2片，生菜100克，莴苣（绿莴苣及紫莴苣）150克

调料

白酒醋60毫升，芥茉酱10克，盐适量，黑胡椒粉适量，橄榄油180毫升

做法

❶ 法式油醋汁：取碗，放入白酒醋及适量的盐、黑胡椒粉拌匀，再加入芥茉酱后，慢慢倒入橄榄油至白醋汁变稠，搅拌均匀。

❷ 生菜、莴苣洗净，沥干水分并切片；乡村面包略烤至热备用。

❸ 先将生菜、莴苣放在盘中，再将烤过的乡村面包放在菜叶上，最后淋上法式油醋汁即可。

乡村沙拉

材料

生菜100克，莴苣（绿莴苣及紫莴苣）150克，面包丁20克，圣女果120克，苜蓿芽5克，无盐奶油120克

调料

盐适量，胡椒粉适量

做法

❶ 取平底锅小火加热后，先放入无盐奶油至融化后，再加入适量的盐和胡椒粉，即为澄清奶油酱。

❷ 生菜、莴苣、圣女果、苜蓿芽洗净，沥干水分切片后，放入盘中；将面包丁放入烤箱中烤至上色备用。

❸ 将澄清奶油酱淋在盘中的蔬菜上，最后再撒上烤过的面包丁即可。

鲜虾莎莎暖沙拉

材料

鲜虾	300克
生菜	150克

调料

西红柿莎莎酱	2大匙
盐	适量
胡椒粉	适量
橄榄油	20毫升

做法

1. 生菜洗净,沥干水分切片后,放入盘中备用。
2. 鲜虾洗净，去壳备用。
3. 热锅,倒入橄榄油烧热,再放入鲜虾煎至熟。
4. 将鲜虾放在生菜上，再将所有调料拌匀，淋入盘中即可。

大厨私房招

西红柿莎莎酱

材料

A. 西红柿丁20克，洋葱碎10克，香菜碎5克，红辣椒碎5克

B. 柠檬汁60毫升，橄榄油180毫升，盐适量，胡椒粉适量

做法

将材料A放入大碗中；材料B混合拌匀，倒入大碗中和材料A一起拌匀即可。

PART 3

吐司&三明治

轻食中的极品，就是种类丰富的吐司与三明治。与传统的美食形式不同，吐司和三明治让人能够自由地搭配食材、发挥创意，可以说是最具创意的人气轻食。即使你没有多少烘焙经验，也能轻松搞定。

金枪鱼酱黄瓜吐司

材料

罐装金枪鱼50克，小黄瓜片20克，吐司1片，西红柿片10克，奶油适量

调料

美乃滋1大匙，黑胡椒粉1/4小匙

做法

1. 将调料与罐装金枪鱼拌匀成鱼肉馅；烤箱以180℃预热约5分钟，备用。
2. 吐司放入预热好的烤箱中，以180℃烤约5分钟，再取出趁热抹上奶油。
3. 于吐司片上摆上西红柿片、小黄瓜片和鱼肉馅，最后淋上适量美乃滋（分量外）即可。

金枪鱼烤吐司

材料

罐装金枪鱼2大匙，吐司2片，蒜苗1/2根，洋葱15克，圣女果2个，蛋液适量

调料

黑胡椒粉1/4小匙

做法

1. 先将蒜苗洗净切末；圣女果洗净切片；洋葱洗净剥皮后切末。
2. 将金枪鱼、蒜苗末、洋葱末、黑胡椒粉混合拌匀成馅。
3. 将吐司的其中一面沾上蛋液。
4. 把金枪鱼馅放在吐司表面。
5. 最后将吐司放入180℃的烤箱中，烤约6分钟，取出后放上圣女果片即可。

法式煎吐司

材料

厚片吐司2片，鸡蛋2个，牛奶300毫升，奶油20克

调料

白糖1小匙

做法

❶ 将牛奶、鸡蛋与白糖加入钢盆中，混合搅拌均匀，备用。

❷ 取厚片吐司放入蛋液中泡软，备用。

❸ 取一个平底锅，加入奶油并加热至融化，再将泡软的吐司放入锅中，以小火煎至双面上色即可。

法式枫糖吐司

材料

厚片吐司1片，奶油1.5小匙

调料

枫糖1大匙

做法

❶ 烤箱预热至180℃，放入厚片吐司，烤至其表面略呈金黄色时取出。

❷ 将厚片吐司涂上奶油，并均匀涂上枫糖，再放入烤箱上层，以220℃烤约3分钟即可。

水波蛋焗吐司

材料

鸡蛋1个，厚片吐司1片，奶油适量，西红柿1个，黄瓜1/4根，融化的奶油2大匙，蛋黄1个

调料

盐少许，黑胡椒末少许，白醋少许

做法

1. 厚片吐司涂上奶油，放入190℃的烤箱中，烤至双面上色；西红柿、黄瓜洗净切片。
2. 煮一锅热水，煮开后将水搅拌成漩涡状，再缓缓打入1个全蛋，煮至全蛋半熟捞起即为水波蛋。
3. 蛋黄打匀，加入融化的奶油、盐和黑胡椒末搅拌均匀，再加入少许白醋调匀成酱汁备用。
4. 吐司放上西红柿片、黄瓜片和水波蛋，再淋上酱汁。然后放入180℃的烤箱中烤5分钟至上色即可。

奶油蘑菇吐司

材料

山形吐司2片，什锦蘑菇片100克，洋葱丝10克，奶油1小匙

调料

奶油白酱1大匙

做法

1. 先将烤箱转至150℃，预热5分钟后放入山形吐司，以150℃烤约3分钟后取出，趁热涂上奶油。
2. 热锅，加入洋葱丝和什锦蘑菇片炒香，再加入奶油白酱炒匀后盛起，制成馅料。
3. 在烤好的山形吐司上摆上馅料即可。

糖片吐司

材料

厚片吐司2片，奶油1大匙

调料

粗砂糖1大匙

做法

❶ 先将烤箱预热至180℃，放入厚片吐司，烤至表面略黄时取出。

❷ 将厚片吐司涂上奶油，再放入烤箱上层，以220℃烤3分钟，并均匀撒上粗砂糖即可。

火腿奶酪吐司

材料

厚片吐司1片，奶油少许，火腿2片，焗烤用奶酪丝15克，高达奶酪碎5克

做法

❶ 先将厚片吐司抹上少许奶油，再依序铺上火腿片、焗烤用奶酪丝、高达奶酪碎。

❷ 烤箱转至180℃，预热5分钟，然后将吐司放入烤箱以180℃烤约3分钟即可。

橙汁煎吐司

材料

浓缩橙汁1大匙，吐司2片，柳橙1个，奶油2小匙

调料

水100毫升，糖1小匙，水淀粉少许

做法

1. 先将柳橙皮肉分离，果肉榨汁，皮削去白色部分，保留外皮切成细丝，备用。
2. 将柳橙汁、柳橙丝放入锅中，加水，以小火煮约2分钟，再加入浓缩橙汁、糖，煮滚后以水淀粉勾芡即为酱汁。
3. 吐司用面包机略烤，取出后涂上奶油，对切放入盘中，淋上酱汁即可。

夏威夷吐司

材料

吐司2片，火腿40克，菠萝片2片，奶酪丝20克，奶油2小匙，香芹末适量

调料

番茄酱1大匙

做法

1. 先将火腿切成小片，烤箱转至200℃后预热5分钟。
2. 把吐司抹上奶油和番茄酱，摆上菠萝片、火腿片，再撒上奶酪丝。
3. 将吐司放入预热好的烤箱中，以200℃ 烤约5分钟至奶酪丝融化、上色，再撒上香芹末即可。

美式水果煎饼

材料

低筋面粉400克，鸡蛋2个，泡打粉1/4小匙，牛奶100毫升，无盐奶油1/2大匙，罐装什锦水果100克

调料

白糖1小匙，糖粉适量，红酒1大匙

做法

❶ 将低筋面粉、泡打粉过筛，备用。

❷ 鸡蛋、牛奶和白糖混合拌匀，再加入低筋面粉、泡打粉拌匀，即成面糊。

❸ 热1个平底锅，放入1大匙面糊，煎至两面金黄至熟，即可盛盘。重复此步骤，直至面糊用完。

❹ 锅洗净，将罐装什锦水果的汤汁倒入锅内，加入红酒、奶油以小火煮成酱汁。

❺ 于煎饼上摆上水果丁，淋上酱汁，撒上糖粉即可。

焗烤法国面包

材料

法国面包片4片，生菜4片，圣女果4颗，火腿片1片，奶酪片2片，玉米粒3大匙，香芹碎少许，奶酪丝80克

调料

法式白酱4大匙，黑胡椒粉1/2小匙

做法

❶ 生菜洗净，沥干水分，切丝；火腿、洗净的圣女果和奶酪片切小丁状，再和玉米粒、法式白酱、黑胡椒粉混合搅拌成馅料备用。

❷ 取1片法国面包，铺上适量的馅料，撒上奶酪丝，放至烤盘上。重复前述步骤至法国面包用完为止。

❸ 将烤盘放入烤箱中，以上火220℃、下火160℃烤10~15分钟，至表面金黄取出，撒上香芹碎即可。

比萨吐司

材料

厚片吐司2片，奶酪丝120克，洋葱丝20克，玉米粒2大匙，火腿丁1.5片，青椒丝半个

调料

意大利面酱2大匙，黑胡椒粉少许，奶酪粉少许，粗干辣椒粉少许

做法

1. 厚片吐司先涂上意大利面酱，再撒入30克奶酪丝。
2. 在撒有奶酪丝的厚片吐司上，平均放上适量的洋葱丝、玉米粒、火腿丁和青椒丝，最后再撒上30克的奶酪丝，放置于烤盘内。重复上述步骤至厚片吐司用完为止。
3. 将烤盘放入烤箱中，以上火210℃、下火170℃烤10~15分钟，食用前再撒上黑胡椒粉、奶酪粉和粗干辣椒粉即可。

黑胡椒牛肉吐司

材料

厚片吐司1片，牛肉丝30克，洋葱丝5克，奶酪丝30克，色拉油少许，香芹碎少许，奶油1/2小匙，面粉1/2小匙

调料

黑胡椒粉1/2大匙，盐1/4小匙

做法

1. 厚片吐司放入烤箱以150℃烤约3分钟，以增加硬度。
2. 取一锅，加适量色拉油烧热，放入洋葱丝、牛肉丝、奶油和所有调料，以小火炒匀后，铺在烤好的吐司上。
3. 再撒上奶酪丝，放入预热的烤箱中，以上火200℃、下火150℃的温度，烤约6分钟，至金黄色取出，撒上香菜碎即可。

土豆泥培根吐司

材料

土豆	1个
培根	1片
厚片吐司	1片
奶油	适量
红甜椒	1/4个
玉米粒	20克
香芹	1根
奶酪丝	20克
牛奶	100毫升

调料

盐	少许
黑胡椒粉	少许

做法

1. 厚片吐司涂上奶油，放入190℃的烤箱中，烤至双面上色备用。
2. 土豆洗净去皮、蒸熟，趁热压成泥，再加入牛奶、奶油、盐、黑胡椒粉搅拌均匀；红甜椒洗净切小丁；香芹洗净切碎；培根片切丁，备用。
3. 将土豆泥均匀抹在烤好的吐司上，再加入红甜椒丁、玉米粒、培根丁，最后撒上奶酪丝。
4. 将吐司片放入约180℃的烤箱中，烤至奶酪丝融化，再撒上香芹碎装饰即可。

金沙吐司片

材料

吐司2片，去皮南瓜50克，熟咸蛋黄2个，蒜末1/2小匙，蛋液适量，奶油1大匙

做法

1. 先将南瓜放入沸水中煮软，再捞起沥干压成泥。咸蛋黄压成泥。
2. 吐司均匀地沾上蛋液后，放入倒有适量色拉油（材料外）的锅中，以小火煎至两面呈现金黄色后盛入盘中。
3. 另起一个锅，放入奶油、蒜末、咸蛋黄泥和南瓜泥，以小火炒至起泡即可关火，涂抹在吐司上即可。

洋葱酱烤吐司

材料

洋葱半个，厚片吐司2片，奶油1大匙，中筋面粉1小匙，高汤150毫升

调料

盐1/4小匙，蚝油1/2小匙，白糖1/4小匙，粗黑胡椒末适量

做法

1. 热锅，放入洋葱（切丝）、奶油，小火炒至变软，再加入中筋面粉，续以小火略炒至洋葱丝呈现棕色。
2. 于锅中加入高汤、盐、蚝油、白糖，以小火煮并快速拌匀，煮沸后即关火。
3. 将以上材料抹在吐司片上，待凉后放入烤箱中，以180℃烤约5分钟取出，撒上粗黑胡椒末即可。

吐司口袋饼

材料

吐司4片，鸡蛋2个，红甜椒丁30克，法兰克福肠丁1条，小黄瓜丁30克，牛奶1大匙，色拉油1大匙

调料

盐1/4小匙，白胡椒粉1/8小匙

做法

1. 鸡蛋打散与小黄瓜丁、红甜椒丁、法兰克福肠丁、牛奶和调料混合拌匀。
2. 热锅，加入色拉油，倒入以上材料，以小火慢慢拌炒至鸡蛋凝固呈滑嫩状。
3. 各取2片吐司夹入馅料，再用小碗盖放在吐司上，用力压断，使其成紧实的圆形吐司即可。

茄汁烤吐司

材料

吐司2片，圣女果8个，洋葱末1大匙，水100毫升

调料

番茄酱1大匙，糖1/2小匙，盐1/4小匙，水淀粉1小匙

做法

1. 圣女果洗净后对切。
2. 将圣女果、洋葱末及水加入锅中，以小火煮约3分钟后加入番茄酱、糖、盐，煮至滚后以水淀粉勾芡。
3. 将吐司用烤面包机烤至表面脆黄，再淋上酱料即可。

肉酱三角吐司

材料

肉酱100克，吐司2片，奶油1小匙，蛋黄半个

做法

1. 吐司切边后以擀面棍稍微压扁；蛋黄打成蛋液；烤箱以150℃预热5分钟，备用。
2. 将50克的肉酱铺在吐司上再对折成三角形，以叉子压平，重复此动作至吐司用毕。
3. 于压好的吐司表面涂上蛋液。
4. 将涂有蛋液的吐司放入烤箱中，以150℃烤约5分钟，至吐司表面呈金黄色后取出即可。

凯萨熏鸡吐司

材料

鳀鱼肉2条，蒜碎适量，熏鸡肉片50克，吐司1片，生菜100克，奶油1小匙

调料

美乃滋2大匙，芥末籽酱1小匙，黄芥末酱1小匙，白醋或柠檬汁1大匙，奶酪粉1小匙

做法

1. 生菜洗净，撕成小片；熏鸡肉片撕成小片；烤箱以150℃预热5分钟；所有调料混合拌匀成凯萨酱，备用。
2. 将吐司放入烤箱中，以150℃烤约3分钟后取出，趁热涂上奶油。
3. 于吐司上摆上生菜、熏鸡肉片，淋上凯萨酱即可。

奥姆猪肉吐司

材料

吐司丁	4片
鸡蛋	5个
猪绞肉	100克
玉米粒	50克
葱花	5克
奶油	15克
奶酪丝	30克
牛奶	90毫升

调料

盐	少许
黑胡椒粉	少许
肉桂粉	1小匙

做法

1. 鸡蛋打散，加入牛奶和所有调料拌匀备用。
2. 加热平底锅，放入一半的奶油，加热至融化，放入吐司丁以小火煎炒，至表面上色呈酥脆状即可起锅。
3. 葱花、玉米粒、猪绞肉放入锅中，以中火爆香后起锅。
4. 平底锅中放入另一半的奶油烧热，倒入蛋液，以中小火缓缓地将蛋液煎至五分熟成蛋饼状。
5. 依序将猪绞肉馅、吐司丁与奶酪丝放在蛋饼中间，慢慢将蛋饼叠起呈半月形即可。

葡萄柚莎莎酱炸吐司

材料

A

白吐司	1片
香菜	适量

B

葡萄柚丁	20克
洋葱丁	10克
西红柿丁	10克
香菜叶	5克
蒜末	5克
红辣椒碎	5克
色拉油	200毫升

调料

橄榄油	30毫升
柠檬汁	10毫升
盐	适量
黑胡椒粉	适量

做法

1. 白吐司用模型压成圆形备用。
2. 热锅，倒入色拉油，以中火将白吐司炸成金黄色，捞起沥油备用。
3. 将材料B混合，再加入橄榄油、柠檬汁、盐及黑胡椒粉拌匀，放在炸好的吐司上，并以香菜叶装饰即可。

芒果鲜虾吐司

材料

芒果丁30克，熟虾仁40克，厚片吐司1片，奶酪丝10克，奶油1小匙

调料

美乃滋1大匙

做法

1. 熟虾仁与美乃滋、芒果丁拌匀；烤箱以180℃预热约5分钟，备用。
2. 厚片吐司放入预热好的烤箱中，以180℃烤约5分钟，再取出趁热抹上奶油。
3. 将虾仁、芒果丁放在烤好的吐司上，撒上奶酪丝，再放入烤箱中，以200℃烤约8分钟至奶酪丝融化且呈金黄色，再撒上适量香芹末（材料外）装饰即可。

温泉蛋吐司

材料

吐司2片，奶油1小匙，鸡蛋2个，葱花适量

调料

酱油适量

做法

1. 取锅，加入适量水（水量以能盖过鸡蛋为准），将鸡蛋放入水中，以小火煮约3分钟，再熄火泡2分钟。
2. 将吐司放入烤面包机中烤至香脆，再涂上奶油盛入盘中。
3. 把煮好的鸡蛋打入盘中的吐司上，撒上葱花，再淋上酱油，即可食用。

南瓜爆浆吐司

材料

南瓜泥100克，吐司2片，奶酪丝20克，奶油1小匙

做法

1. 先将南瓜泥与奶酪丝拌匀成馅料；烤箱以150℃预热5分钟备用。
2. 将2片吐司各自的一面先抹上奶油，把拌好的南瓜馅料放入一片吐司上（抹奶油的面朝上），再盖上另一片吐司（抹奶油的面朝下）。
3. 将吐司放入预热好的烤箱中，以150℃烤约3分钟取出，再对切即可。

香烤苹果吐司

材料

小苹果1个，白吐司2片，奶油适量

调料

柚子果酱适量，白糖适量，肉桂粉少许

做法

1. 苹果洗净，切成0.5厘米厚的厚片；奶油切小丁状备用。
2. 吐司去边，稍稍擀压呈扁平状，涂抹上柚子果酱，整齐排放上苹果片，撒上白糖及奶油丁，放入烤箱中以200℃烤至上色、呈酥状即可取出，撒上肉桂粉。

苹果焦糖吐司

材料

苹果丁1个，法式长棍面包半个，奶油15克，鸡蛋1个

调料

白糖2大匙，肉桂粉适量

做法

❶ 将鸡蛋打散，备用。

❷ 法式面包切成1厘米厚片，沾裹蛋液至约5分湿度。

❸ 热锅，锅中放入适量奶油（分量外），再放入面包，煎至双面呈金黄色，盛盘。

❹ 另起锅，开小火，放入白糖，以移动锅身的方式使糖均匀受热至焦糖化，再放入奶油至融化，然后放入苹果丁沾裹均匀，淋于煎好的面包片上，最后撒上肉桂粉即可。

苹果麻糬吐司

材料

苹果片 100克，山形吐司1片，麻糬 50克，柠檬皮丝1小匙

做法

❶ 苹果洗净切片；烤箱以180℃预热约5分钟，备用。

❷ 在山形吐司上放上麻糬、摆上苹果片，再放入烤箱中，以180℃烤约5分钟后取出。

❸ 最后在烤好的吐司上撒上柠檬皮丝即可。

苹果肉桂吐司

材料

吐司1片，苹果50克，肉桂粉1小匙，酒渍樱桃5克，柠檬皮丝适量

调料

白糖适量

做法

1. 苹果洗净切片；烤箱以150℃预热约5分钟，备用。
2. 吐司放入烤箱中，以150℃烤约3分钟后取出。
3. 于吐司上撒上肉桂粉、摆上苹果片再撒上白糖，放入烤箱中以150℃烤约3分钟后取出。
4. 最后于烤好的吐司旁摆上酒渍樱桃、撒上柠檬皮丝即可。

香蕉花生酱吐司

材料

香蕉30克，吐司1片

调料

花生酱1大匙，糖粉1小匙

做法

1. 吐司切除四边；香蕉去皮后切片；烤箱以150℃预热约5分钟，备用。
2. 将吐司涂上花生酱，放上香蕉片，再放入烤箱中以150℃烤约8分钟。
3. 最后将烤好的吐司取出，撒上糖粉即可。

草莓吐司

材料

草莓30克，方形吐司片2片，奶油1小匙，开心果碎1小匙

调料

卡士达酱2大匙

做法

❶ 先将每个草莓对半切开；烤箱以150℃预热约5分钟，备用。

❷ 方形吐司片放入预热好的烤箱中，以150℃烤约3分钟后取出，趁热涂抹上奶油。

❸ 于烤好的方型吐司片上挤上卡士达酱、摆上草莓、撒上开心果碎即可。

培根奶酪吐司

材料

培根3根，奶酪丝20克，吐司2片，奶油1小匙

做法

❶ 先将1片吐司平均切成3条，再涂上奶油；烤箱以180℃预热5分钟；将培根切成粗长片状备用。

❷ 吐司条用培根从外卷起，撒上奶酪丝后放入预热好的烤箱中，以180℃烤约5分钟即可取出。可撒些豆苗装饰。

奶油蒜香吐司

材料

蒜3瓣，厚片吐司1片，香芹1根，奶油30克

调料

盐少许

做法

❶ 将厚片吐司放入190℃的烤箱中，烤至单面上色备用。

❷ 蒜洗净切碎；香芹洗净切碎备用。

❸ 将奶油放入容器中，再加入蒜碎、香芹碎和少许盐，搅拌均匀成蒜味奶油。

❹ 将搅拌好的蒜味奶油涂在未烤的那面吐司上。

❺ 再放入约175℃的烤箱中，烤约5分钟至上色即可。

土鸡蛋吐司

材料

土鸡蛋2个，吐司2片，奶油1小匙，奶酪丝1小匙

做法

❶ 先将吐司切去四边，抹上奶油，撒上奶酪丝，再将切下来的吐司条摆回吐司上围边；烤箱转至150℃，预热5分钟备用。

❷ 将吐司片放入预热好的烤箱中，以150℃烤约3分钟后取出。

❸ 将土鸡蛋打至烤好的吐司上，放入烤箱中以150℃烤约5分钟至蛋熟即可。

吐司布丁

材料

吐司4片，鸡蛋150克，动物性鲜奶油190毫升，牛奶190克，葡萄干适量，蔓越莓干适量，樱桃适量

调料

白糖50克，防潮糖粉少许

做法

1. 将鸡蛋打散成蛋液备用。
2. 动物性鲜奶油、牛奶和白糖混合煮至白糖完全溶化后，冲入蛋液混合拌匀，过筛后静置约30分钟以上成布丁液。
3. 将吐司切成小块状，铺在容器底部，再倒入布丁液，放入葡萄干、蔓越莓干和樱桃，再撒上少许糖（分量外），放入烤箱内，以上火150℃、下火150℃的隔水加热方式蒸烤25~35分钟。
4. 取出蒸烤好的吐司布丁，再撒上防潮糖粉装饰即可。

法式三明治

材料

火腿2片，吐司2片，奶酪片1片，鸡蛋2个，色拉油适量

调料

美乃滋适量

做法

1. 鸡蛋打散过筛，备用。
2. 在两片火腿中夹入一片奶酪片，再一起夹入两片吐司中。
3. 将夹好的三明治双面沾满蛋液。
4. 取一平底锅，烧热倒入色拉油，再放入沾满蛋液的三明治，双面煎至金黄。
5. 将煎好的三明治的一面涂上美乃滋，再斜角对切重叠即可。

培根奶酪炒蛋三明治

材料

培根	30克
奶酪丝	20克
鸡蛋	2个
法式面包	1段
洋葱末	5克
绿莴苣	3片
色拉油	少许
无盐奶油	1大匙

调料

番茄酱	1/2小匙
黑胡椒粉	少许

做法

❶ 绿莴苣剥下叶片，洗净，泡入冷开水中至变脆，捞出沥干水分；鸡蛋打入碗中，搅散；培根切碎备用。

❷ 平底锅倒入少许色拉油烧热，加入洋葱末和培根碎炒至呈金黄色，倒入鸡蛋液摊平，煎至八分熟熄火，向中央折成方形，移入烤盘中，撒上奶酪丝，放入烤箱以200℃烘烤至奶酪丝融化略金黄取出。

❸ 法式面包对切，内面抹上无盐奶油，放入烤箱中，以150℃略烤至呈金黄色，取一片为底，依序放入绿莴苣、鸡蛋卷，淋上番茄酱、撒上黑胡椒粉，再盖上另一片面包稍微压紧即可。

火腿三明治

材料

火腿片1片，白吐司2片，鸡蛋1个，奶油适量，小黄瓜1/2根

调料

美乃滋适量

做法

1. 吐司放入烤箱中烤至两面微金黄备用。
2. 取平底锅烧热，放入奶油，打入鸡蛋煎至两面金黄并熟透，备用。
3. 锅中继续放入火腿片煎至边微焦，香味溢出。
4. 小黄瓜以盐搓洗后洗净，刨成丝状备用。
5. 取一片吐司，抹上美乃滋，依序放上火腿片、小黄瓜丝和荷包蛋，再放上另一片抹了美乃滋的吐司，压紧，最后对切成二等份，摆盘即可。

嫩蛋火腿堡

材料

鸡蛋2个，汉堡面包1个，火腿片2片，西红柿半个，苜蓿芽1/4 盒，小黄瓜1根，奶油1小匙，牛奶100毫升

调料

盐少许，白胡椒粉少许，美乃滋1小匙

做法

1. 将汉堡包与火腿片放入锅中，以小火煎至上色；西红柿和小黄瓜洗净切片，备用。
2. 鸡蛋敲入容器中，加入牛奶、盐和白胡椒粉搅拌均匀成蛋液。取一平底锅，放入奶油，倒入蛋液，以中小火炒至熟。
3. 汉堡包里抹上美乃滋后包入苜蓿芽，依序加入火腿片、小黄瓜片、西红柿片，再将炒好的嫩蛋包入即可。

莎莎酱三明治

材料

Ⓐ 裸麦面包1个，苜蓿芽1/2盒，火腿片3片，小黄瓜1/3根 Ⓑ 西红柿1个，洋葱半个，蒜2瓣，红辣椒1/3个，香菜1根

调料

Ⓐ 美乃滋1大匙 Ⓑ 盐少许，黑胡椒粉少许，墨西哥辣椒水1小匙，橄榄油2大匙，番茄酱1大匙

做法

1. 将裸麦面包在烤箱中略烤过，中间划刀切开后抹上一层薄薄的美乃滋；小黄瓜切片，备用。
2. 材料B的香菜、红辣椒、蒜、洋葱都洗净切成碎状；西红柿洗净切小丁，与调料B混合拌匀成莎莎酱。
3. 将裸麦面包先放入洗净的苜蓿芽，加入小黄瓜片、火腿片，再加入莎莎酱即可。

柔嫩香滑蛋堡

材料

大饼1/2块，鸡蛋2个，茴香适量，奶油15克，牛奶15毫升

调料

盐适量，黑胡椒粉适量

做法

1. 大饼对切成二等份，放入烤箱中略烤热备用。
2. 茴香洗净沥干，切碎末状。
3. 取一容器，打入鸡蛋加入牛奶、盐和黑胡椒粉混合拌匀，再加入茴香搅拌。
4. 取平底锅，加入奶油烧热，倒入蛋液，煎至呈半熟液态状，以筷子快速搅拌后即可起锅盛盘，再于盘内放上大饼即可。

烧肉苹果三明治

材料

日式烧肉片　1份
去皮苹果片　4片
白吐司　2片
苜蓿芽　10克
盐水　少许

调料

美乃滋　1大匙

做法

1. 苜蓿芽洗净沥干水分备用。
2. 去皮苹果片以适量盐水浸洗一下，沥干备用。
3. 白吐司的一面抹上美乃滋，备用。
4. 取一片白吐司，依序放上苜蓿芽、去皮苹果片和日式烧肉片，盖上另一片白吐司，稍微压紧，切除四边吐司边再对切成两份即可。

大厨私房招

日式烧肉

材料

A. 猪梅花肉片120克，洋葱丝20克，白芝麻1/4小匙
B. 日式酱油1/2小匙，味醂1小匙，胡椒粉1/4小匙

做法

1. 猪梅花肉片洗净，加入材料B拌匀，腌15分钟。
2. 锅中倒入少许色拉油（材料外）烧热，放入猪梅花肉以中火煎至七分熟，加入洋葱丝拌后撒上白芝麻即可。

猪排三明治

材料

去边白吐司3片，生菜2克，火腿1片，猪里脊肉片1片，洋葱丝5克，鸡蛋1个，牛奶10毫升

腌料

酱油1/4小匙，鸡蛋5克，面粉1/4小匙，面包粉1/4小匙

调料

美乃滋1小匙

做法

❶ 洋葱丝泡冷水5分钟，泡完沥干备用。生菜洗净，备用。鸡蛋加牛奶拌匀，备用。

❷ 白吐司均匀裹上蛋液，放入油锅以小火煎熟。

❸ 猪里脊肉片加入腌料拌匀，锅内放入少许油以小火煎熟，并略煎火腿片，备用。

❹ 依序叠上1片吐司、生菜、猪里脊肉片、1片吐司、火腿片、洋葱丝、1片吐司，最后淋上美乃滋即可。

总汇三明治

材料

全麦吐司4片，培根片1片，生菜5克，小黄瓜片2克，火腿片1片，奶酪片1片，西红柿片5克，紫洋葱片2克，鸡蛋1个，苜蓿芽2克

调料

美乃滋1小匙

做法

❶ 将全麦吐司放入烤面包机中烤至金黄取出，涂上美乃滋备用。

❷ 锅内放入色拉油（材料外）以小火煎熟鸡蛋、培根、火腿片；生菜泡冰水沥干，备用。

❸ 依序叠上1片吐司、苜蓿芽、紫洋葱片、奶酪片、火腿片、1片吐司、西红柿片、煎蛋、生菜、1片吐司、培根、小黄瓜片、1片吐司。

❹ 取面包刀切除四边后，斜对切成4个三角形三明治即可。

照烧肉三明治

材料

去边白吐司3片，猪肉片150克，洋葱丝10克，葱段2克，红甜椒丝2克，生菜2克，苹果半个，日式水菜2克，冰盐水适量

腌料

酱油1/2大匙，淀粉1/2大匙，白糖1/4小匙，鸡蛋1个，胡椒粉1/4小匙

做法

1. 猪肉片加入腌料拌匀备用。
2. 热锅炒香葱段、洋葱丝，加入猪肉片以小火炒匀取出，备用。
3. 苹果削皮切片后泡冰盐水，可防止苹果氧化变黑，泡完捞起沥干备用。
4. 白吐司放入烤面包机中烤至金黄取出。
5. 依序叠上1片吐司、日式水菜、猪肉片、1片吐司、苹果片、红甜椒丝、生菜、1片吐司，取面包刀对半切成2个三明治即可。

木瓜烤肉汉堡

材料

Ⓐ 猪里脊肉片1片，苜蓿芽1把，小黄瓜1/2根，洋葱1/3个，西红柿1/4个，汉堡面包1份，烤肉酱1大匙 Ⓑ 木瓜150克，洋葱1/3个，蒜2瓣，香菜1根，红辣椒1/3个

调料

香油少许，橄榄油1大匙，辣椒水少许

做法

1. 猪里脊肉去筋再拍松，放入烤肉酱略腌制一下，再放入200℃的烤箱烤约10分钟至熟。
2. 小黄瓜切片；洋葱切圈；西红柿切片，备用。
3. 将材料B依序切成碎末，和调料搅拌均匀即为木瓜莎莎酱。
4. 汉堡面包对切开后略烤一下，依序叠入苜蓿芽、烤肉片、小黄瓜片、西红柿片、洋葱圈，最后涂上木瓜莎莎酱即可。

肉片茄汁奶酪三明治

材料

猪梅花肉片	120克
奶酪片	2片
全麦吐司	4片
松茸菇	1/2包
蒜	2瓣
红甜椒丝	1/4个
洋葱丝	1/3个
生菜	2片
西红柿	1/3个
水	2大匙

调料

番茄酱	2大匙
白糖	1小匙
酱油	1小匙
盐	少许
黑胡椒粉	少许

做法

1. 松茸菇去蒂洗净切小段；蒜和西红柿切片；生菜洗净。
2. 将一片全麦吐司放入锅中，摆上奶酪片，以小火煎至上色后取出。
3. 取锅，加入1大匙色拉油（材料外），放入洋葱丝、红甜椒丝、蒜片以中火先爆香，再加入松茸菇段、猪梅花肉片炒香，放入水和所有调料以中火略煮至收汤汁。
4. 取一片全麦吐司，铺上生菜、西红柿片和炒好的猪梅花肉片，再盖上煎好的全麦吐司即可。

辣味热狗堡

材料

剥皮辣椒	1个
船型面包	1个
德式香肠	1条
西红柿	150克
洋葱末	200克
蒜末	10克
姜末	10克
水	100毫升

调料

A

白糖	6克
番茄酱	100克
橄榄油	50克

B

鼠尾草	少许
罗勒	少许
月桂叶	1片

C

鸡精	少许
盐	少许
黑胡椒粉	少许
辣椒酱汁	10克

做法

1. 德式香肠放入沸水中煮熟，捞起沥干；剥皮辣椒斜切片状备用。
2. 西红柿尾部划十字，放入沸水中略焯烫，捞起去皮，切丁备用。
3. 取锅，加入橄榄油烧热后，加入洋葱末、蒜末、姜末爆香，再加入水、白糖和西红柿丁、番茄酱和调料B煮至浓稠，再加入调料C略煮即成辣味番茄酱。
4. 取船型面包，放入烤箱中略烤至外表酥脆，中间夹入德式香肠，填入辣味番茄酱，再放上剥皮辣椒片即可。

鸡丝三明治

材料

鸡胸肉	1片
法式面包	半个
虾仁	50克
洋葱	1/3个
红甜椒	1/4个
生菜	2片
葱丝	少许

调料

黄芥末	1小匙
美乃滋	1小匙
盐	少许
白胡椒粉	少许

做法

1. 鸡胸肉洗净后放入沸水中煮熟，再将鸡胸肉拔成丝状，备用。
2. 将虾仁放入沸水中汆烫，再捞起沥干；洋葱与红甜椒洗净切成圈状；所有调料放入容器中，搅拌均匀成酱备用。
3. 法式面包切斜刀，将搅拌好的酱涂抹在法式面包中间，放入生菜、加入洋葱圈，红甜椒圈、鸡肉丝、虾仁，最上面再加少许美乃滋（分量外）、黑胡椒粉（材料外）和葱丝即可。

塔塔酱贝果

材料

贝果1个，熏鸡胸肉1/2片，西红柿1/3个，生菜2片，洋葱1/3个

酱料

酸黄瓜碎1根，蒜末5克，美乃滋50克，盐少许，黑胡椒粉少许，葱碎1/2根

做法

1. 先将熏鸡胸肉切成小片状；贝果对半切开；生菜洗净；西红柿与洋葱洗净切圈，备用。
2. 所有酱料混合搅拌均匀成塔塔酱，备用。
3. 贝果底座部分先加入生菜，放上西红柿圈与洋葱圈，再加入熏鸡胸肉片，最后将塔塔酱淋在熏鸡胸肉上即可。

蛋沙拉三明治

材料

Ⓐ 水煮蛋1个，吐司2片，花生酱适量，生菜适量 Ⓑ 土豆1个，甜玉米粒 50克，烟熏鸡肉适量

调料

Ⓐ 盐少许，白胡椒粉少许 Ⓑ 美乃滋适量

做法

1. 土豆去皮蒸熟，趁热捣成泥，备用。
2. 将水煮蛋的蛋黄捣碎过筛，蛋白切碎，烟熏鸡肉切丁，备用。
3. 将土豆泥、蛋白、蛋黄混合后，加入盐和白胡椒粉拌匀。
4. 将甜玉米粒、美乃滋加入土豆泥中混合拌匀成蛋沙拉。
5. 将吐司烤至微黄趁热抹上花生酱，取1片吐司依序放上蛋沙拉、生菜、烟熏鸡肉丁，再叠上第2片吐司，最后对半切开即可。

泰式鸡肉三明治

材料

鸡胸肉丝	100克
法式面包	1段
豆芽	10克
青木瓜丝	少许
生菜	2片
圣女果片	2颗
香菜段	1/4小匙
色拉油	适量
蒜末	1/4小匙
水	100克

调料

Ⓐ

鱼露	1/2小匙
细砂糖	1/2小匙
柠檬汁	1/2小匙
辣椒末	1/4小匙

Ⓑ

淀粉	1小匙
水	30克

做法

1. 水、蒜末和调料A拌匀煮滚后关火，淋入调匀的调料B勾芡成酱汁。
2. 生菜剥下叶片洗净，泡冷开水后捞出沥干；豆芽洗净，去除头尾；鸡胸肉丝与酱汁拌匀，腌约5分钟，备用。
3. 热锅倒入少量色拉油烧热，加入鸡胸肉丝以中火炒至鸡肉丝变白，再加入青木瓜丝、圣女果片和豆芽拌炒至软化入味盛出。
4. 法国面包中央切开，依序夹入生菜和炒过的鸡胸肉蔬菜丝，最后撒上香菜段即可。

纽奥良烤鸡堡

材料

去骨鸡翅1只，紫洋葱圈1片，西红柿片1片，生菜叶1片，汉堡面包1个，蒜末2克

调料

番茄酱1小匙，白糖1/4小匙，酱油10毫升，黑胡椒粉1/4小匙，黄芥末1/4 小匙

做法

1. 将去骨鸡翅与所有调料拌匀后腌约15分钟至入味，备用。
2. 将腌鸡翅取出置于烤盘中，放入已预热的烤箱内，以150℃的温度烤约5分钟后取出，再涂上一次腌料(做法1剩余的)，再以180℃的温度烤约8分钟取出。
3. 将汉堡面包放进烤箱略烤至热，取出后横剖开，于中间依序放上生菜叶、烤好的去骨鸡翅、西红柿片和洋葱圈即可。

鸡肉沙威玛

材料

鸡肉片70克，汉堡面包1个，奶油40克，高汤100毫升，洋葱丝50克，生菜丝50克，西红柿片3片

调料

黑胡椒酱2大匙，美乃滋适量

做法

1. 面包放入烤箱以180℃略为加热，从侧边切开成两半备用。
2. 取一平底锅，以奶油将洋葱丝炒香，放入鸡肉片以中火炒约4分钟至熟，再加入黑胡椒酱、高汤，拌炒2分钟后关火备用。
3. 取烤好的面包，依序由下层面包开始，铺上生菜丝、西红柿片、美乃滋，最后将炒好的鸡肉片放上，盖上上层面包即可。

炸鸡三明治

材料

蛋液适量，面粉1大匙，面包粉2大匙，厚片吐司1片，鸡肉100克，生菜20克，西红柿片10克，色拉油少许

腌料

盐1/4小匙，胡椒粉1/4小匙

调料

黄芥末酱1大匙

做法

1. 厚片吐司先对切成长条的两等份，取其中一份，从中间切开但不切断。
2. 鸡肉洗净与腌料拌匀腌10分钟，然后裹上面粉，再沾上蛋液，接着沾面包粉后静置5分钟。热油锅至180℃，放入鸡肉炸约5分钟至表面金黄酥脆，取出沥油。
3. 取切好的吐司，夹入炸好的鸡肉、洗净的生菜和西红柿片，淋上黄芥末酱即可。

鸡肉三明治

材料

鸡胸肉300克，法国面包1段，西红柿片4片，红叶莴苣1棵，绿叶莴苣1棵，苜蓿芽2克，色拉油1大匙

调料

黑胡椒粉1/2大匙，美乃滋适量

做法

1. 鸡胸肉放入锅中，加适量沸水和色拉油，以中火烫煮至再次沸腾，关火加盖焖约15分钟，捞出沥干水分，均匀撒上黑胡椒粉，待冷却后切薄片备用。
2. 红叶莴苣、绿叶莴苣均取剥下的叶片，洗净，泡入冷开水中至变脆，捞出沥干；苜蓿芽洗净，备用。
3. 法国面包中间切开但不切断，内面均匀抹上适量美乃滋，依序夹入红叶莴苣、绿叶莴苣、苜蓿芽、鸡胸肉和西红柿片即可。

牛肉经典汉堡

材料

Ⓐ

牛绞肉	200克
洋葱	1/3个
酸黄瓜	1根
蒜	3瓣
红辣椒	1/3根

Ⓑ

汉堡面包	1个
西红柿	1/3个
洋葱	1/5个
小黄瓜	1/3根
生菜	1片
酸黄瓜碎	1根
蛋清	半个

调料

A1酱	1小匙
盐	少许
黑胡椒粉	少许
美乃滋	1大匙
淀粉	1小匙
红辣椒水	1小匙
番茄酱	1大匙

做法

1. 材料A的洋葱、酸黄瓜、蒜、红辣椒都洗净切成碎状，备用。
2. 材料B的西红柿、洋葱、小黄瓜洗净切片；生菜洗净，备用。
3. 将牛绞肉放入容器中，加入所有调料、蛋清、洋葱碎、酸黄瓜碎、蒜碎、红辣椒碎搅拌均匀，摔打出筋后塑成圆饼状，再放入平底锅中，以中火煎至双面上色并熟。
4. 汉堡面包先包入生菜、小黄瓜片、西红柿片、洋葱片，再放上煎好的汉堡肉，最后放入装饰的酸黄瓜碎即可。

蛋黄酱牛肉堡

材料

菲力牛肉薄片	100克
汉堡面包	1个
蒜泥	1/2小匙
红酒	10毫升
生菜	适量
西红柿片	3片
洋葱圈	3个
色拉油	少许
奶油	40克
牛奶	适量
蛋黄	3个

调料

白酒	20毫升
柠檬汁	10毫升
盐	适量
黑胡椒粉	适量
酱油	1大匙

做法

1. 将白酒、柠檬汁、盐和黑胡椒粉一起放入小锅中煮开，至略微浓稠时关火待冷却备用。
2. 将蛋黄放置于不锈钢盆中，与白酒柠檬浓缩汁液以隔水加热的方式搅打均匀，再移开热水，慢慢将奶油加入盆中，并不断地搅拌均匀至凝结，最后加入牛奶调拌均匀即为蛋黄酱。
3. 将菲力牛肉薄片用蒜泥、红酒和酱油略腌10分钟至入味后，放入锅中以小火煎至上色即起锅。
4. 将汉堡面包从中间以横刀方式切成均匀的两半，于内侧抹上适量的蛋黄酱，再于其中一块面包上依序铺好生菜、洋葱圈、西红柿片，最上面放菲力牛肉薄片，最后淋上一点蛋黄酱，用另一块汉堡面包盖上即可。

金枪鱼沙拉堡

材料

罐头金枪鱼50克，洋葱末20克，罐头玉米粒10克，生菜叶1片，汉堡面包1个

调料

美乃滋1大匙，白糖1/4小匙，黑胡椒粉1/4小匙

做法

1. 将罐头金枪鱼和罐头玉米粒的汤汁沥干，倒入碗中，再加入洋葱末及所有调料，拌匀即为金枪鱼沙拉。
2. 将汉堡面包放进烤箱略烤至热，取出后从中间横剖开，于中间依序放上金枪鱼沙拉及生菜叶即可。

玉米三明治

材料

甜玉米粒30克，去边白吐司3片，罐头金枪鱼150克，小黄瓜丝20克，奶酪丝100克，紫洋葱片100克

调料

美乃滋1大匙

做法

1. 将金枪鱼从罐头中取出沥干，再往金枪鱼中加入甜玉米粒和1/2大匙的美乃滋拌匀备用。
2. 吐司一面撒上奶酪丝，放入烤箱内以200℃烤约5分钟至金黄色后取出，另一面涂上1/2大匙美乃滋。
3. 依序叠上1片吐司、小黄瓜丝、紫洋葱片、1片吐司、金枪鱼玉米粒酱、1片吐司，最后沿斜对角切开即可。

金枪鱼可颂三明治

材料

罐头金枪鱼 1罐
可颂面包 2个
生菜 2片
西红柿 半个
洋葱 1/3个
葱 1根

调料

美乃滋 2大匙
柠檬汁 少许
香油 1小匙
盐 少许
黑胡椒粉 少许

做法

❶ 将金枪鱼取出沥干汤汁；洋葱洗净切碎；葱洗净切花；西红柿洗净切片，备用。

❷ 可颂面包以面包刀从中部斜切但不切断，备用。

❸ 将金枪鱼肉、洋葱碎、葱花和所有调料混合搅拌均匀成肉馅。

❹ 在切好的可颂面包中间先夹入生菜，再夹入西红柿片，最后夹入肉馅即可。

海鲜口袋饼

材料

草虾仁8尾, 鱼片50克, 墨鱼丁20克, 洋葱丝10克, 豆芽菜10克, 紫洋葱圈2片, 生菜3片, 蒜末5克, 苜蓿芽少许, 胡萝卜口袋饼1个, 色拉油少许

调料

红辣椒末2克，白糖1/4小匙，鱼露1小匙，泰式甜辣酱2大匙

做法

1. 锅烧热，倒入色拉油，炒香洋葱丝，再加入所有海鲜材料、蒜末、所有调料和豆芽菜拌匀，即为辣味海鲜馅料。
2. 将胡萝卜口袋饼放进烤箱中略烤至热后切开，再放入生菜、紫洋葱圈、苜蓿芽及辣味海鲜馅料即可。

炸虾三明治

材料

吐司2片, 奶油适量, 圆白菜丝适量, 塔塔酱50克, 鲜虾100克, 洋葱50克, 低筋面粉、色拉油各适量

调料

米酒10毫升，盐、白胡椒粉各适量

做法

1. 鲜虾洗净去壳沥干，压碎成泥，备用。
2. 洋葱洗净切丝，加入盐、白胡椒粉调味。
3. 将虾泥和洋葱丝混合再加入米酒拌匀，充分搅拌至胶稠状，再用手整形成圆饼状，再沾裹低筋面粉，备用。
4. 取一油锅加热至180℃，再放入虾饼，将双面炸至金黄色后，即可捞起沥油备用。
5. 先将吐司用面包机烤至表面微焦黄, 取1片吐司, 抹上塔塔酱, 放上炸虾饼、圆白菜丝, 再叠上1片抹上奶油的吐司, 最后对切成两份即可。

酥炸鱼排三明治

材料

去边白吐司　3片
生菜　2片
鲷鱼片　150克
紫洋葱片　20克
面包粉　1大匙
色拉油　少许

腌料

盐　1小匙
鸡蛋　半个
面粉　1/4小匙
白糖　1/4小匙
白胡椒粉　1/4小匙

调料

千岛沙拉酱　1小匙

做法

1. 鲷鱼片加入腌料拌匀，裹上面包粉，备用。
2. 将油锅加热至约150℃，放入鱼片以小火炸熟成鱼排，取出沥油备用。
3. 白吐司放入面包机中烤至金黄取出，涂上千岛沙拉酱。
4. 依序叠上1片吐司、紫洋葱片、1片吐司、鱼排、生菜、1片吐司，再对切即可。

鲜虾三明治

材料

鲜虾仁100克，全麦面包3片，玉米粒10克，红叶生菜2片，小黄瓜丝5克，生菜丝5克

调料

美乃滋1小匙

做法

1. 鲜虾仁入沸水中汆烫后，取出泡冰水，沥干备用。
2. 在虾仁中加入美乃滋和玉米粒拌匀，备用。
3. 全麦面包放入烤箱内以150℃烤约3分钟后取出。
4. 依序叠上1片面包、生菜丝、红叶生菜、虾仁馅、1片面包、小黄瓜丝、1片面包，再对切即可。

手指三明治

材料

去边白吐司4片，小黄瓜3根，胡萝卜30克，奶油10克

调料

酸奶1大匙，美乃滋2大匙，盐少许，白胡椒粉少许

做法

1. 小黄瓜与胡萝卜洗净后切成丝状，用少许的盐抓匀，再去除水分备用。
2. 将所有调料（奶油除外）混合搅拌均匀，再加入小黄瓜丝与胡萝卜丝拌匀。
3. 白吐司先抹上少许奶油，再将拌好的蔬菜丝平铺在1片吐司上，盖上另1片吐司成三明治，去边后再切成5等份即可。

蔬菜三明治

材料

五谷杂粮吐司3片，小黄瓜丝20克，苜蓿芽5克，甜玉米粒10克，豌豆苗5克，生菜丝2克，胡萝卜丝10克

调料

番茄酱1小匙

做法

1. 五谷杂粮吐司放入面包机中烤至金黄，一面涂上番茄酱，备用。苜蓿芽、豌豆苗洗净，备用。
2. 依序叠上1片吐司、豌豆苗、苜蓿芽、胡萝卜丝、1片吐司、生菜丝、玉米粒、小黄瓜丝、1片吐司。
3. 用面包刀在中间对切成2个三明治即可。

蛋沙拉蔬贝果

材料

贝果1个，莴苣3片，洋葱丝 10克，西红柿片2片

蛋沙拉

水煮蛋1个，土豆1个，红甜椒丁半个，熟核桃碎2个，美乃滋10克，小黄瓜丁1条

做法

1. 将水煮蛋的蛋白和蛋黄分开，蛋白切丁，蛋黄压成泥，备用。
2. 土豆洗净去皮，切大块，放入电饭锅中蒸熟，压成泥，和蛋黄泥混合均匀，继续加入蛋白丁、小黄瓜丁、红甜椒丁、美乃滋和熟核桃碎拌均匀即为蛋沙拉。
3. 贝果横切开，夹入莴苣、洋葱丝和蛋沙拉即可。可配西红柿片一起食用。

蘑菇蔬菜蛋堡

材料

汉堡面包1个，鸡蛋2个，玉米粒5克，西芹末2克，蘑菇片10克，胡萝卜末2克，西红柿片2片，生菜叶2片，紫洋葱圈2片，色拉油少许

调料

盐1/4小匙，美乃滋1大匙

做法

1. 在鸡蛋中加入盐，打散成蛋液，备用。
2. 锅烧热，倒入色拉油，将西芹末、蘑菇片、胡萝卜末放入平底锅内炒香，慢慢倒入蛋液并略微混合后，以小火烘烤至熟，即成蔬菜烘蛋。
3. 汉堡面包放进烤箱略烤至热，取出横剖开，内层涂上美乃滋，放上西红柿片、生菜叶、蔬菜烘蛋和紫洋葱圈即可。

芦笋奶酪烤堡

材料

奶酪丝适量，细绿芦笋50克，辫子面包2片，杏鲍菇50克，培根1片，奶油适量

调料

盐适量，黑胡椒粉适量

做法

1. 细绿芦笋放入沸水中汆烫（可加入少许盐），烫至外观变翠绿色，捞起泡入冷水中待冷却备用。
2. 杏鲍菇洗净沥干，切片状；培根切段状备用。
3. 锅烧热，加入奶油，放入杏鲍菇片、培根片略煎至香味溢出，盛起备用。
4. 取一片辫子面包放入烤箱略烤至上色，抹上奶油，放上芦笋，再依序放上杏鲍菇片、培根片，撒上奶酪丝、黑胡椒粉、盐，放入烤箱中以上火200℃、下火220℃烤约10分钟即可。

烧肉米堡

材料

猪五花肉片	70克
洋葱	40克
姜泥	3克
米饭	160克
生菜	2片
白芝麻	适量
奶油	适量
色拉油	适量

调料

酱油	20克
白糖	10克
米酒	10毫升
味醂	5克

做法

1. 所有调料混合均匀成酱汁；猪五花肉片切3厘米长段片状。
2. 取锅烧热，加入1大匙色拉油，放入猪五花肉片炒至肉色变白，加入酱汁拌炒至略收汁后，再加入洋葱拌炒，起锅前加入姜泥拌炒即可关火，备用。
3. 热米饭稍微捣至有点黏性后，双手沾少许奶油并将米饭整成二等份的圆扁饭团。平底锅烧热，用纸巾抹上薄薄的一层奶油，再放入饭团煎至双面稍微上色，即为米堡。
4. 取一片米堡依序铺上生菜、姜汁烧肉、白芝麻及另一片生菜，最后盖上另一片米堡即可。

大厨私房招

1. 在煎米堡时，要不断挪动米堡，使米堡能均匀上色，呈现的色泽也会比较好看。
2. 若想要让米堡更快上色并看起来更为均匀漂亮，可以再准备1碗酱油与味醂调好的酱汁，用刷子将酱汁涂抹在米堡上即可。要注意的是，刷子上的酱汁一定要弄干一点，这样才不会在刷上米堡时，使原本固定外形的米堡散开。

香蕉三明治

材料

香蕉1根，吐司2片，牛奶150毫升，鸡蛋2个，低筋面粉10克，有盐奶油30克

调料

Ⓐ白糖20克，香橙酒5毫升 Ⓑ蜂蜜适量

做法

1. 将牛奶、鸡蛋、低筋面粉和调料A混合，并充分搅拌均匀，即为蛋汁。
2. 将每片吐司浸泡在蛋汁中，让吐司充分吸收蛋汁至饱和度为五成左右，并加入香蕉切片一起浸渍。
3. 平底锅烧热加入适量有盐奶油并融化后，将1片吐司夹入香蕉片，再将另1片吐司合上，放入锅中煎至双面表皮呈现金黄色即可。
4. 将煎好的吐司先对切成三角形，放入盘中，再淋上蜂蜜，吃时可依个人喜好蘸食即可。

烧面大亨堡

材料

油面100克，大亨堡面包1条，洋葱1/3个，蒜3瓣，红辣椒1/3个，红甜椒1/4个，生菜2片，葱丝少许，红辣椒丝少许，色拉油1大匙，奶油1大匙

调料

黑胡椒酱50克，水淀粉适量

做法

1. 先将洋葱洗净切丝；蒜与红辣椒切片；红甜椒切丝，备用。
2. 取一只炒锅，加入1大匙色拉油，放入洋葱丝、蒜片、红辣椒片、红甜椒丝，以中火先爆香，再加入油面与奶油、黑胡椒酱翻炒均匀，再加入水淀粉勾薄芡。
3. 取大亨堡面包先包入生菜，再将炒好的面慢慢放入生菜中，最后再放上葱丝与红辣椒丝装饰即可。

牛蒡培根米堡

材料

牛蒡（小）	1/2根
培根	2片
胡萝卜	20克
海苔片	1/8片
白芝麻（炒过）	少许
米饭	320克
色拉油	2小匙
水	90毫升

调料

米酒	30毫升
酱油	23克
白糖	14克

做法

1. 牛蒡洗净用刀背刮除表面，切成细丝条状后泡入水中；胡萝卜洗净切细丝条状，备用。
2. 平底锅烧热，倒入1小匙色拉油，放入培根煎至油脂溢出且表面呈酥脆状，起锅备用。
3. 将水和所有调料混合均匀，备用。
4. 将锅烧热，倒入1小匙色拉油，放入牛蒡丝，炒除水分后，加入胡萝卜丝及调料汁，炒至酱汁略收即可，起锅备用。
5. 将米饭稍微捣至有点黏性后，双手沾上少许奶油（材料外）并将米饭整成四等份的圆扁饭团。平底锅烧热，加入少许奶油（材料外），并放入饭团煎至双面稍微上色，起锅即为米堡。
6. 取2个米堡，在其中一个依序铺上海苔片、培根片及牛蒡胡萝卜丝，撒上少许白芝麻，最后再盖上另一片米堡即可。

蓝带猪排三明治

材料

Ⓐ

猪里脊肉 200克
奶酪片 1片
色拉油 适量

Ⓑ

去边吐司 2片
奶油 少许
生菜 适量
西红柿片 2片
圆白菜丝 适量
洋葱丝 少许

腌料

盐 适量
白胡椒粉 适量
味醂 1/2大匙
猪排酱 适量

裹粉

低筋面粉 适量
蛋液 适量
面包粉 适量

做法

1. 猪里脊肉洗净分成2片，分别将每片猪排横刀剖开不切断，以刀尖断筋处理。
2. 将猪里脊肉摊平，抹上腌料中的盐，撒上白胡椒粉，加入味醂腌10分钟，备用。
3. 将腌好的2片猪里脊肉重叠，中间夹入1片奶酪片。
4. 然后依序沾上低筋面粉、蛋液、面包粉。
5. 热油锅至180℃，放入猪里脊肉片炸至两面金黄酥脆即可，捞起沥油。
6. 去边吐司放入烤箱以150℃烤约3分钟，烤至微黄趁热抹上奶油，取1片吐司，依序放上生菜、炸猪排、西红柿片、圆白菜丝，再淋上猪排酱，最后将吐司对折即可（重复此步骤至材料用毕）。

魔芋米堡

材料

魔芋块	90克
胡萝卜	20克
米饭	160克
生菜	1片
海苔片	1/8片
白芝麻	适量
色拉油	适量
水	60毫升

调料

酱油	15毫升
米酒	30毫升
白糖	10克
七味粉	适量

做法

1. 魔芋块放入沸水中汆烫3分钟后捞起，切成细丝条状；胡萝卜洗净去皮切细丝状，备用。
2. 将所有调料加适量色拉油混合拌匀。
3. 锅烧热，加入少许色拉油，放入魔芋条及胡萝卜丝略拌炒，再加入水和调料拌炒至收汁后，起锅备用。
4. 将米饭稍微捣至有点黏性后，双手沾上少许奶油（材料外），并将米饭整成二等份的圆扁饭团。平底锅烧热，用纸巾抹上薄薄一层奶油（材料外），并放入饭团煎至双面稍微上色，即为米堡。
5. 在其中一个米堡上依序铺上生菜、魔芋胡萝卜丝，撒上适量的白芝麻、七味粉，放入海苔片，最后再盖上另一片米堡即可。

PART 4

饭食&面食

饭食和面食的变化创意无限，只要稍稍改变一下烹调方式，就可以变得丰富多彩。比如焗饭、炖饭、意大利面、卷饼等，不但可以自由搭配食材，而且做法简单，让你轻轻松松在家就能完成。原来美味和简便，也是可以兼得的！

泡菜烧肉饭团

材料

Ⓐ韩式泡菜70克，五花肉薄片100克，蒜末10克，葱花适量，熟白芝麻适量 Ⓑ 米饭适量，海苔片适量

调料

酱油1大匙，味醂1大匙

做法

1. 所有调料混合均匀备用。
2. 韩式泡菜、五花肉薄片切小段，备用。
3. 热锅，加入适量色拉油（材料外）炒香蒜末，放入五花肉薄片炒至肉色变白，再加入韩式泡菜段拌炒，然后倒入混合好的调料，充分拌炒入味，起锅前撒上葱花与熟白芝麻略拌，即为泡菜烧肉馅。
4. 将泡菜烧肉馅沥干汤汁，取适量包入米饭中捏紧成饭团，依喜好分别包成数个饭团或再裹上海苔即可。

酱烧猪肉饭团

材料

猪肉片120克，松子仁适量，姜末5克，米饭适量，海苔片适量

调料

豆瓣酱1/2小匙，甜面酱1小匙，酱油1小匙，绍兴酒1小匙，味醂1小匙

做法

1. 所有调料混合均匀，备用。
2. 热锅后倒入适量色拉油（材料外），放入姜末、猪肉片炒至上色，再倒入混合好的调料，拌炒入味即成肉馅，备用。
3. 取适量米饭与松子仁拌匀备用。
4. 取适量肉馅，包入米饭中捏紧成饭团，依喜好分别包成数个饭团或再裹上海苔即可（饭团造型可依个人喜好变化）。

蒜香肉末饭团

材料

蒜片10克，猪绞肉120克，香菜梗碎1根，米饭适量

调料

酱油1大匙，味醂1/2大匙，米酒1/2大匙，白糖1小匙，陈醋1小匙

做法

1. 热锅，倒入适量色拉油（材料外），放入蒜片炒香，至酥脆后盛起备用。
2. 热锅，倒入适量色拉油（材料外），放入猪绞肉炒至上色，然后加入所有调料拌炒均匀，起锅前再加入香菜梗碎略炒后盛起。
3. 将炒好的蒜片、猪绞肉与适量米饭混合均匀，取适量大小捏紧成饭团，依喜好分别包成数个饭团或再裹上海苔即可（饭团造型可依个人喜好变化）。

蒜香培根饭团

材料

蒜（切片）数瓣，培根60克，香菜1根，米饭适量，色拉油适量

调料

盐、白糖、鸡精、陈醋各1/2小匙，酱油少许，米酒1大匙

做法

1. 蒜去皮洗净切薄片，用色拉油煎炸酥脆、放凉切粗末；培根煎出油脂、切粗末；香菜洗净切末状，备用。
2. 将米饭与蒜末、培根末、香菜末一起拌匀，再取适量捏紧成饭团，可依喜好分别包成数个饭团或再裹上海苔即可（饭团造型可依个人喜好变化）。

柴鱼梅肉饭团

材料
柴鱼片（细）6克，梅肉（去籽）3颗，白芝麻（炒过）少许，大米300克，十谷米60克，水400毫升，海苔片1片

调料
酱油6毫升，味醂6毫升

做法
1. 大米和十谷米混合洗净后，加入400毫升的水，放入电饭锅中煮至开关跳起，打开锅盖翻动米饭，焖一下备用。
2. 酱油和味醂混合拌匀，加入柴鱼片、去籽梅肉和炒过的白芝麻拌匀成馅料。
3. 取适量蒸好的米饭，包入馅料，整成锥形的外观，再分别包上海苔片即可。

盐烤鲑鱼饭团

材料
新鲜鲑鱼120克，小黄瓜1根，米饭适量，色拉油适量

调料
盐适量

做法
1. 烤架铺上一张锡箔纸，于表面抹上薄薄的一层色拉油，备用。
2. 鲑鱼洗净、擦干水分，均匀撒上适量的盐，放在锡箔纸上，移入已预热的烤箱中，用180℃烤10~15分钟至熟后取出，去刺、剥碎，备用。
3. 小黄瓜先用适量盐搓揉，再冲水洗去盐分，剖开去籽后切小丁，备用。
4. 将米饭与鲑鱼、黄瓜丁一起拌匀，再取适量捏紧成饭团，可依喜好分别包成数个饭团或再裹上海苔即可。

蛋黄酱烤饭团

材料
蛋黄1个，米饭适量

调料
酱油1/2小匙，味噌10克，味醂1/2小匙

做法
1. 将所有调料混合均匀后，打入蛋黄拌匀成味噌蛋黄酱汁备用。
2. 将米饭塑成喜好的形状，涂上酱汁至表面均匀，放入180℃的烤箱，反复刷上酱汁烤至上色定型即可。

榨菜笋香饭团

材料
榨菜60克，熟笋120克，猪绞肉50克，红辣椒丁1根，蒜2瓣，米饭适量，海苔适量，色拉油适量

做法
1. 榨菜、熟笋切小丁，放入沸水中汆烫约1分钟后捞起沥干；蒜切末，备用。
2. 热锅，加入适量色拉油，炒香蒜末，放入猪绞肉炒散，续加入榨菜丁与熟笋丁拌炒均匀，并加入红辣椒丁拌匀配色，即成肉馅。
3. 将米饭与炒好的肉馅一起拌匀，再取适量捏紧成饭团，可依喜好分别包成数个饭团或再裹上海苔即可。

烧肉鲜蔬寿司

材料

Ⓐ

海苔片	2片
寿司饭	适量
白芝麻	适量

Ⓑ

豌豆苗	适量
苜蓿芽	适量
五花肉薄片	150克

调料

酱油	1大匙
米酒	1大匙
白糖	1/2大匙
甜面酱	1/2大匙

做法

1. 五花肉薄片切丝，将肉片炒至变白，再倒入混合好的调料充分拌炒入味即成烧肉片。
2. 取寿司竹帘，铺上海苔片，再铺上适量寿司饭，将白芝麻均匀撒在饭上，再覆盖一层保鲜膜。
3. 翻面，使保鲜膜在下、海苔片在上，在海苔片上依序摆上苜蓿芽、豌豆苗、烧肉片，卷起呈圆柱状寿司卷，食用时切段，并撕除保鲜膜即可。

大厨私房招

寿司饭

做法

米醋150毫升，白糖90克，盐30克，混合均匀成寿司醋，按照一杯米配30毫升寿司醋的比例倒入米饭中拌匀，让饭充分吸收醋味，待凉后即为寿司饭。

蒜香肉片寿司

材料

Ⓐ 海苔片4片，寿司饭适量（做法请见92页）
Ⓑ 蒜末1小匙，五花肉薄片300克，姜末1小匙，苜蓿芽适量，小黄瓜适量，熟白芝麻适量

调料

酱油3大匙，白醋1大匙，陈醋1大匙，白糖1小匙，香油1小匙

做法

1. 小黄瓜用盐搓揉后，洗除盐分、切丝，备用。
2. 肉片切段炒至变色，加入姜末、蒜末炒香，倒入混合好的调料，拌炒至入味略收汁。
3. 取寿司竹帘，铺上海苔片，再铺上适量寿司饭，撒上白芝麻（前端预留2厘米），摆上苜蓿芽、小黄瓜丝、蒜味肉片，卷起呈圆柱状寿司卷，食用时切段即可。

亲子虾寿司

材料

Ⓐ 海苔片1片，寿司饭适量（做法请见92页），虾卵适量 Ⓑ 鲜虾3只，芦笋1根，虾卵适量

调料

美乃滋适量

做法

1. 鲜虾去肠泥，用竹签串直，汆烫一下，熄火，放置约10分钟后，捞起泡冷水、剥壳，取出竹签；芦笋加入淡盐水中汆烫至软、取出泡冷水，备用。
2. 取寿司竹帘，铺上海苔片，再铺上适量寿司饭，将虾卵均匀撒在饭上，再覆盖一层保鲜膜。
3. 翻面，使保鲜膜在下、海苔片在上，再在海苔片上依序摆上鲜虾、芦笋、材料B的虾卵、美乃滋，卷起呈圆柱状寿司卷，食用时切段，并撕除保鲜膜即可。

缤纷养生寿司

材料

Ⓐ 苹果（小，去皮洗净）1个，西红柿80克，红薯120克，甜豆荚（烫熟）60克 Ⓑ 大米1杯，水100克，南瓜子（炒过）适量，白芝麻（炒过）适量，海苔片4片

做法

1. 所有材料A切粗丁，备用。
2. 大米洗净加入水与材料A，煮至电饭锅开关跳起，将米饭翻松再盖上锅盖焖10~15分钟，待冷却至约40℃，再拌入南瓜子与白芝麻。
3. 取寿司竹帘，铺上海苔片，再铺满蒸好的米饭，覆盖一层保鲜膜。
4. 翻面，使保鲜膜在下，海苔片在上，卷起呈圆柱状寿司卷，食用时切段并撕除保鲜膜即可。

台式寿司卷

材料

全蛋1个，小黄瓜1/2根，酥油条碎30克，海苔片1片，寿司饭适量（做法请见92页），肉松20克，豆干丝（红）15克

调料

美乃滋适量

做法

1. 将鸡蛋液打匀并煎成蛋皮后，切丝备用。
2. 小黄瓜用盐搓揉一下后洗净，再纵向切成一半，去除籽后，再切成细条状备用。
3. 取寿司竹帘，铺上海苔片，海苔片上铺上寿司饭（前端需预留2厘米），再铺满酥油条碎及鸡蛋丝、黄瓜条，再挤入美乃滋并加上肉松及豆干丝后卷起即可。

韩式寿司卷

材料

胡萝卜	30克
韭菜	40克
生菜	1片
韩式泡菜	60克
猪五花肉薄片	50克
海苔片	1片
寿司饭 （做法请见92页）	适量
炒过的白芝麻粒	适量
色拉油	少许

调料

香油	少许
盐	少许
鸡精	少许
酱油	少许
海苔粉	适量

做法

1. 胡萝卜洗净切细条，韭菜洗净切段，分别汆烫后，用调料分别调味；韩式泡菜沥干水分；生菜洗净沥干备用。
2. 平底锅放入少许油后，放入猪五花肉薄片炒至肉变色，再加入韩式泡菜略拌炒。
3. 取寿司竹帘，铺上海苔片，苔片上铺满寿司饭，再将白芝麻粒、海苔粉均匀地撒在饭上，覆盖上一层保鲜膜后，将海苔片翻面朝上，依序加入生菜、炒好的猪五花肉片、胡萝卜条及韭菜段，卷起呈圆柱状寿司卷，食用时切段并撕去保鲜膜即可。

甜辣猪柳饭卷

材料

海苔1张，米饭1碗，小黄瓜丝80克，猪肉排2片，色拉油少许，水1大匙，蛋清半个

调料

Ⓐ 盐1/4小匙，白糖1/2小匙，米酒1小匙，白胡椒粉1/6小匙 Ⓑ 甜辣酱2大匙，淀粉30克

做法

1. 猪肉排洗净用肉槌拍松后，加入调料A和水、蛋清拌匀，腌制30分钟，再加入淀粉拌匀成稠状备用。
2. 起油锅，加热至约180℃，放入腌制好的猪肉排，以中火炸约5分钟，至表皮金黄酥脆时，捞出沥干油，切成宽约2厘米的条状。
3. 平铺海苔，放入1碗米饭摊平，依序放上猪肉条、小黄瓜丝，最后淋上甜辣酱，卷成圆筒状即可。

培根海苔饭卷

材料

培根片50克，海苔1张，米饭1碗，洋葱丝50克，生菜叶1片，熟白芝麻1小匙，色拉油少许

调料

酱油1大匙、米酒1大匙、白糖1/2小匙、黑胡椒粉1/4 小匙

做法

1. 锅烧热，倒入少许色拉油，以小火爆香培根，加入洋葱丝及所有调料炒匀，取出后撒上熟白芝麻拌匀即成馅料。
2. 平铺海苔，放入一碗米饭摊平，依序放上生菜叶及炒好的馅料后，卷成圆筒状即可。

韩式辣味饭卷

材料

Ⓐ 猪五花肉片200克，黄豆芽150克，蒜片10克，色拉油适量，粗辣椒粉3克 Ⓑ 米饭适量，海苔4片

调料

酱油2大匙，白糖1大匙，韩式辣椒酱1/2小匙

做法

1. 黄豆芽放入沸水中煮熟、捞起沥干；猪五花肉片适当切段，备用。
2. 热锅，倒入适量色拉油，转小火，放入蒜片炒香，再加入粗辣椒粉，炒出风味后，放入肉片段炒至变白，再倒入混合均匀的调料，充分拌炒入味，此即为辣味烧肉。
3. 取一大张保鲜膜，铺上海苔片，依序均匀铺上米饭、黄豆芽、辣味烧肉，再铺上少许黄豆芽，卷起整成长圆筒状，并包紧底端即可。

香松虾饭卷

材料

香松2大匙，海苔1张，米饭1碗，芦笋120克，虾4尾

调料

酱油1大匙，米酒1大匙，白糖1/2小匙，黑胡椒粉1/4小匙

做法

1. 虾去掉肠泥后，用竹签从尾端插入至头部定型以防卷曲；煮沸一锅水，将虾下锅煮约3分钟后取出泡凉，剥壳备用。
2. 芦笋洗净，放入沸水中汆烫约1分钟后，取出晾凉。
3. 平铺海苔，放入一碗米饭摊平，依序放上芦笋、熟虾，撒上香松后，卷成圆筒状即可。

泰式鸡柳饭卷

材料

Ⓐ 鸡柳4条（各约40克） Ⓑ 绿豆苗适量，米饭适量，海苔4片，色拉油少许

调料

Ⓐ 鱼露1大匙，寿司醋1大匙，柠檬汁1大匙，姜末1/2大匙，蒜末1/2大匙，盐少许，胡椒粉少许
Ⓑ 泰式甜鸡酱适量

做法

1. 将绿豆苗在沸水中略焯烫，捞起沥干，备用。
2. 鸡柳洗净、擦干水分，与调料A混合拌匀，腌制约30分钟，然后裹上红薯粉（材料外）放入170℃油锅中炸熟，呈金黄酥脆状，捞起，沾裹泰式甜鸡酱，备用。
3. 取一大张保鲜膜，铺上海苔片，依序均匀铺上米饭、绿豆苗、泰式鸡柳，卷起整成长圆筒状，并包紧底端即可。

鲜蔬沙拉饭卷

材料

Ⓐ 洋葱丝适量，圆白菜丝适量，苜蓿芽适量，绿豆苗适量 Ⓑ 罐头玉米粒适量，米饭适量，海苔1片

调料

美乃滋适量

做法

1. 所有材料A洗净泡冰水，使其清脆爽口后沥干，备用。
2. 取一大张保鲜膜，铺上海苔片，依序放上米饭、洋葱丝、圆白菜丝、苜蓿芽、绿豆苗、玉米粒，并挤上美乃滋，卷起整成长圆筒状，并包紧底端即可。

海陆总汇饭卷

材料

Ⓐ 蒲烧鳗鱼1/4条，蟹肉条1条，芦笋1根，肉松30克，生菜适量 Ⓑ 米饭适量，海苔1片

调料

美乃滋适量

做法

1. 生菜泡冰水，使其清脆爽口后，沥干备用。
2. 芦笋焯烫至六分熟，泡入冷水中，冷却后沥干，备用。
3. 取一大张保鲜膜，铺上海苔片，均匀铺上米饭、生菜、蒲烧鳗鱼、蟹肉条、芦笋、肉松，挤入适量美乃滋，卷起整成长圆筒状，并包紧底端即可。

河粉卷

材料

河粉皮1片，海苔片1片，猪五花肉薄片60克，生菜叶4片，韩式泡菜60克，白芝麻适量，色拉油少许

调料

盐适量，黑胡椒粉适量，美乃滋适量

做法

1. 猪五花肉薄片撒上少许盐与黑胡椒粉，取平底锅，加入少许色拉油烧热，放入猪五花肉薄片煎至变色，取出备用。
2. 取寿司竹帘，依序铺上摊开的河粉皮、海苔片、生菜叶，再放上韩式泡菜、美乃滋、猪五花肉薄片，撒上白芝麻再卷起河粉皮呈长筒状，切成适当大小盛盘即可。

奶油鲑鱼炖饭

材料
鲑鱼肉200克，米饭150克，西蓝花30克，洋葱20克，色拉油适量

调料
盐1/4小匙，柠檬皮末1/4小匙，白酱2大匙

做法
1. 鲑鱼肉切小块；西蓝花洗净后切小朵，放入沸水中汆烫至熟，捞出沥干水分；洋葱洗净切丁，备用。
2. 热一平底锅，加入少许色拉油，放入洋葱丁炒香，接着加入鲑鱼块、米饭、白酱转小火炒匀。
3. 将西蓝花、其余所有调料加入炒饭中，续以小火炖煮约2分钟即可。

洋葱牛肉炖饭

材料
洋葱片20克，牛肉片200克，大米100克，杏鲍菇片50克，小黄瓜片10克，牛高汤600毫升，色拉油少许

调料
盐1/4小匙

做法
1. 大米洗净，先泡水约15分钟后取出沥干。
2. 取平底锅，倒入少许色拉油烧热，加入洋葱片、杏鲍菇片、小黄瓜片和牛肉片炒香后，再放入大米炒香。
3. 续加入300毫升的牛高汤，以小火炒至大米约五分熟。
4. 续加入剩余的牛高汤，并以小火炒至大米全熟即可。

奥姆蛋包饭

材料

鸡蛋2个，牛奶1大匙，盐1/4小匙，色拉油3大匙，米饭1碗，热狗1根，洋葱丁20克

调料

盐1/4小匙，鸡精1/8小匙，白糖1/4小匙，番茄酱1大匙

做法

1. 热狗切小丁，备用。
2. 热锅，加入1大匙色拉油，放入洋葱丁略炒，再加入米饭、热狗丁、盐、鸡精、白糖以小火炒约3分钟，接着加入番茄酱拌炒均匀，即为茄汁炒饭，盛碗扣盘。
3. 鸡蛋打散，加入牛奶及1/4小匙盐拌匀。
4. 加热平底锅，放入2大匙色拉油，倒入蛋液，以小火煎至蛋液呈半凝固状，移入盛有茄汁炒饭的盘中，包覆茄汁炒饭即可（可另加入圣女果、青豆装饰）。

牛肉咖喱饭

材料

牛腱心1个，洋葱100克，土豆200克，胡萝卜150克，水5杯，咖喱块6小块（约125克）

做法

1. 牛腱心去筋膜，用热水冲洗过后备用。
2. 洋葱洗净去膜切片；土豆洗净去皮切块状；胡萝卜洗净去皮切块状。
3. 取一电饭锅，加入水、洋葱片及牛腱心，按下开关。
4. 待开关跳起后，取出牛腱心冲水至凉后切块状，再放回内锅中，另加入土豆块、胡萝卜块，按下开关继续炖煮。
5. 待开关跳起后，放入咖喱块搅拌均匀，按下开关略煮一会儿，待开关跳起即可。（若觉得咖喱不够浓稠，可再继续加热到呈浓稠状。）

双味咖喱饭

材料

牛肋条肉2条，鸡腿肉1只，洋葱2个，土豆4个，胡萝卜1根，水1000毫升，辣味咖喱块60克，甜味咖喱块60克，米饭适量，色拉油2大匙

做法

1. 将牛肋条肉洗净切小块，汆烫后放入电饭锅蒸熟备用。
2. 将鸡腿肉洗净去骨去皮，切小块，洋葱洗净切丝，土豆与胡萝卜洗净切块。
3. 热2大匙色拉油，放入洋葱块略炒后，加入鸡腿肉块拌炒，再加入土豆块与胡萝卜块拌炒，然后加水煮开，转小火熬煮至软。
4. 将以上材料（鸡腿肉除外）取一半至另一锅；将甜味咖喱块加入鸡肉锅中搅拌融化，将辣味咖喱块与牛肋条肉块加入另一锅中搅拌融化，两锅皆用小火续煮至浓稠状，淋在米饭上享用即可。

普罗旺斯焖饭

材料

大米1碗，猪绞肉100克，蘑菇3朵，香菇3朵、玉米笋3根，蒜3瓣，四季豆5个，色拉油1小匙，奶油10克，水1碗

调料

月桂叶2片，普罗旺斯香草调料1小匙，盐少许，黑胡椒粉少许

装饰

葱花1匙

做法

1. 大米洗净，泡冷水约20分钟备用。
2. 蘑菇与香菇洗净切片；玉米笋洗净切片；蒜洗净切片；四季豆洗净切片；猪绞肉打散。
3. 炒锅加入1小匙色拉油，放入猪绞肉以中火先爆香，再加入所有材料、调料与大米。
4. 盖上锅盖以中火煮开，再转小火焖煮约13分钟，起锅前撒上葱花装饰即可。

培根菠菜饭

材料

蒜3瓣，松子仁50克，菠菜100克，米饭适量，培根100克，鸡蛋2个，海苔丝少许，色 拉油1大匙

调料

胡椒盐少许

做法

1. 将蒜洗净切片，培根切长条，菠菜洗净切末备用。
2. 热1大匙色拉油，放入蒜片与松子仁，用小火炸至金黄色，加入菠菜末略为翻炒，倒入米饭快速混匀，再加胡椒盐拌匀即可，装盘备用。
3. 平底锅热少许色拉油，放入培根用小火煎熟，再打入2个鸡蛋，煎至蛋清凝固即可关火。
4. 将煎好的培根蛋小心铺在炒好的菠菜饭上，撒上海苔丝即可。

咖喱鸡肉焗饭

材料

鸡腿肉块150克，洋葱丁30克，青豆30克，米饭120克，奶酪丝50克，色拉油少许

调料

咖喱粉2大匙，盐1/4小匙

做法

1. 取锅，加入少许色拉油烧热，放入洋葱丁和鸡腿肉块炒香后，再加入调料和青豆、米饭，以小火炒匀。
2. 将炒饭盛入焗烤盅内，撒上奶酪丝。
3. 放入已预热的烤箱中，以上火180℃、下火150℃，烤约8分钟至表面呈金黄色即可。

西红花海鲜炖饭

材料

虾	4尾
蛤蜊	6个
鱿鱼	40克
大米	100克
西红花	2克
洋葱丁	20克
蒜末	3克
海鲜高汤	500毫升
黑橄榄片	10克

调料

盐	1/4小匙
白酒	50毫升
橄榄油	20毫升

做法

1. 大米洗净，先泡水约15分钟后取出沥干。虾、蛤蜊、鱿鱼洗净。取平底锅，先倒入橄榄油，加入洋葱丁和蒜末炒香。
2. 放入鲜虾、蛤蜊、鱿鱼、白酒、西红花和大米炒香。
3. 加入200毫升的海鲜高汤炖煮。
4. 至汤汁快收干时，加入150毫升的海鲜高汤，以小火炒至大米约五分熟。
5. 先捞起锅中的海鲜材料，并继续翻炒至大米快熟。
6. 加入剩余的海鲜高汤，放入刚才捞起的海鲜材料和盐，并以小火炒至大米全熟，再放上橄榄片即可。

蔬菜牛肉焗饭

材料

洋葱块20克，西蓝花20克，牛肉块80克，奶酪丝50克，米饭1碗，色拉油少许

调料

匈牙利红椒粉1大匙，盐1/4小匙

做法

1. 取锅，加入少许色拉油烧热，放入洋葱块和牛肉块炒香后，再加入调料和米饭以小火炒匀。
2. 将炒饭盛入焗烤盅内，放上洗净的西蓝花，撒上奶酪丝。
3. 放入已预热的烤箱中，以上火180℃、下火150℃，烤约8分钟至表面呈金黄色即可。

洋葱猪肉焗饭

材料

洋葱丝20克，猪肉片50克，松茸菇50克，米饭120克，奶酪丝50克，色拉油少许

调料

日式酱油2大匙，味醂1/2小匙

做法

1. 取锅，加入少许色拉油烧热，放入洋葱丝和猪肉片炒香后，再加入调料、洗净的松茸菇和米饭以小火炒匀。
2. 将炒饭盛入焗烤盅内，撒上奶酪丝。
3. 放入已预热的烤箱中，以上火170℃、下火150℃，烤约8分钟至表面呈金黄色即可。

奶油鲑鱼焗饭

材料

鲑鱼块80克，洋葱丁10克，米饭120克，奶酪丝50克，动物性鲜奶油100毫升

做法

1. 取锅，加入奶油，放入洋葱丁炒香后，再加入调料和米饭以小火炒匀。
2. 将炒饭盛入焗烤盅内，放入鲑鱼块，撒上奶酪丝。
3. 放入已预热的烤箱中，以上火200℃、下火150℃，烤约6分钟至表面呈金黄色即可。

西红柿猪肉焗饭

材料

西红柿块30克，猪肉块80克，洋葱块20克，玉米笋块20克，奶酪丝50克，米饭120克，色拉油少许

调料

红酱2大匙

做法

1. 取锅，加入少许色拉油烧热，放入洋葱块、西红柿块、玉米笋块和猪肉块炒香后，再加入调料和米饭以小火炒匀。
2. 将炒饭盛入焗烤盅内，撒上奶酪丝。
3. 放入已预热的烤箱中，以上火180℃、下火150℃，烤约8分钟至表面呈金黄色即可。

西西里海鲜焗饭

材料

综合海鲜	150克
洋葱丁	10克
西红柿丁	20克
黑橄榄片	2克
米饭	120克
奶酪丝	50克
罗勒丝	1/4小匙
色拉油	少许

调料

盐	1/4小匙

做法

1. 取锅，放入综合海鲜汆烫至熟捞起备用。
2. 取锅，加入少许色拉油烧热，放入洋葱丁、西红柿丁和黑橄榄片炒香后，再加入海鲜、盐和米饭以小火炒匀。
3. 将炒饭盛入焗烤盅内，撒上奶酪丝和罗勒丝。
4. 放入已预热的烤箱中，以上火200℃、下火150℃，烤约6分钟至表面呈金黄色即可。

辣味鱿鱼焗饭

材料

辣椒片2克，鱿鱼150克，西红柿块 30克，洋葱末20克，蒜末2克，奶酪丝50克，米饭120克，色拉油少许

调料

红酱2大匙

做法

1. 取锅，加入少许色拉油烧热，放入辣椒片、蒜末、洋葱末、鱿鱼和西红柿块炒香后，再加入红酱和米饭以小火炒匀。
2. 将炒饭盛入焗烤盅内，撒上奶酪丝。
3. 放入已预热的烤箱中，以上火200℃、下火150℃，烤约6分钟至表面呈金黄色即可。

鸡肉洋葱炖饭

材料

鸡腿肉丁200克，洋葱丁50克，胡萝卜丁5克，米饭100克

调料

美乃滋1大匙，盐1/4小匙，奶酪粉适量，粗黑胡椒粉少许

做法

1. 起锅，放入鸡腿肉丁、洋葱丁及胡萝卜丁，以小火炒至香味四溢。
2. 加入米饭翻炒均匀，加入原味美乃滋和盐以小火炒匀，起锅盛盘。
3. 撒上适量奶酪粉和粗黑胡椒粉即可。

猪肉蔬菜炖饭

材料

猪肉片200克，西红柿50克，红酱2大匙，胡萝卜10克，圆白菜200克，米饭150克，洋葱30克，西芹20克，色拉油少许

调料

盐1/4小匙

做法

1. 将所有蔬菜和猪肉片洗净。西红柿切丁；猪肉片切小段；胡萝卜切片；圆白菜撕小片；洋葱切丁；西芹切片，备用。
2. 热一平底锅，加入少许色拉油，放入洋葱丁、西芹片、猪肉片、胡萝卜片炒香，接着加入西红柿丁以小火炒匀。
3. 将米饭、红酱、盐、圆白菜片加入炒饭中，续以小火炖煮约2分钟即可。

红薯鸡肉炖饭

材料

红薯块80克，去骨鸡腿肉块300克，大米100克，洋葱片20克，西芹丁20克，鸡高汤600毫升，香芹末1/4小匙，色拉油少许

调料

盐1/4小匙

做法

1. 大米洗净，先泡水约15分钟后取出沥干。
2. 热油锅，加入洋葱片、西芹丁和鸡腿肉块炒香，再放入大米炒香。
3. 续加入300毫升的鸡高汤和红薯块，以小火炖煮。
4. 再分数次将剩余的鸡高汤加入，并以小火炖煮至大米全熟、红薯块软化，再加入调料炒匀盛盘，并撒上香芹末即可。

三蔬鲜虾炖饭

材料

西红柿50克，红酱2大匙，白虾300克，米饭150克，洋葱20克，西蓝花10克，色拉油少许

调料

盐1/4小匙

做法

1. 西红柿洗净切丁；洋葱洗净切丁；西蓝花洗净后切小朵，放入沸水中汆烫至熟，捞出沥干水份，备用。
2. 热一平底锅，加入少许色拉油，放入西红柿丁、洋葱丁炒香，接着加入白虾、红酱以小火炒匀。
3. 再将西蓝花、调料与米饭加入锅中，续以小火炖煮约2分钟摆盘即可。

夏威夷炒饭

材料

米饭220克，火腿片60克，菠萝80克，青椒50克，红甜椒1个，葱花20克，鸡蛋1个，色拉油2匙

调料

盐1/2小匙，粗黑胡椒粉1/4小匙

做法

1. 鸡蛋打散成蛋液；菠萝、青椒及红甜椒洗净切丁；火腿片切小片，备用。
2. 热锅，倒入约2大匙色拉油，放入蛋液快速搅散至蛋略凝固。
3. 转中火，放入米饭、火腿片、菠萝丁、青椒丁、红甜椒丁、葱花，翻炒至饭粒完全散开。
4. 再加入盐及粗黑胡椒粉，持续以中火翻炒至饭粒松香均匀即可。

泰式菠萝炒饭

材料

菠萝肉 80克
米饭 220克
虾仁 40克
鸡肉 40克
葱花 20克
辣椒片 5克
蒜末 3克
香菜末 3克
罗勒 适量
油炸花生仁 30克
鸡蛋 1个
色拉油 少许

调料

鱼露 2大匙
咖喱粉 1/2小匙

做法

1. 鸡蛋打散成蛋液；菠萝洗净切丁；鸡肉洗净切丝，备用。
2. 热油锅，放入鸡肉丝及虾仁炒至熟后取出备用。
3. 热油锅，放入蛋液快速搅散至蛋略凝固，再加入辣椒片及蒜末炒香。
4. 转中火，放入米饭、鸡肉丝、虾仁、菠萝丁、葱花及咖喱粉，将饭翻炒至饭粒完全散开且均匀上色。
5. 加入鱼露、罗勒及香菜末，持续以中火翻炒至饭粒松香均匀后，撒上油炸花生仁略拌炒即可。

香菇鸡球饭

材料

泡发香菇100克，鸡腿肉200克，米饭1碗，胡萝卜50克，西蓝花80克，葱段20克，姜末10克，色拉油少许，高汤200毫升

调料

蚝油2大匙，绍兴酒30毫升，白胡椒粉1/4小匙，水淀粉2大匙，香油1小匙

做法

1. 鸡腿肉洗净，在内侧用刀交叉划刀断筋后切块；香菇及胡萝卜洗净切片；西蓝花洗净切小朵；米饭装盘备用。
2. 热锅，倒入约2大匙色拉油，放入葱段及姜末爆香，加入鸡腿肉块炒至表面变白，再加入胡萝卜片、香菇片及绍兴酒略翻炒。
3. 续加入蚝油、高汤、白胡椒粉及西蓝花，煮开后转小火续煮约2分钟，用水淀粉勾芡，洒上香油，淋到饭上即可。

咖喱鸡肉烩饭

材料

鸡腿肉120克，米饭1碗，胡萝卜50克，洋葱60 克，蒜末20克，青豆30克，玉米粒40克，鲜香菇15克，色拉油2大匙，水300毫升

调料

盐1/2小匙，白糖1匙，咖喱粉2大匙，水淀粉1大匙

做法

1. 鸡腿肉切小块汆烫后洗净；胡萝卜、洋葱、鲜香菇洗净切小块；米饭装盘备用。
2. 热锅，加色拉油，放入鸡腿肉、洋葱块、蒜末炒香，再放入咖喱粉略炒过。
3. 续加入胡萝卜块、青豆、鲜香菇、玉米粒及水，煮开后加入盐、白糖，转小火续煮约10分钟，最后用水淀粉勾芡，即可淋至饭上享用。

匈牙利牛肉饭

材料

牛胸肉块250克，米饭1碗，洋葱丁60克，蒜末20克，胡萝卜块80克，土豆块100克，色拉油2匙，水350毫升

调料

匈牙利红椒粉1大匙，百里香少许，西红柿糊2大匙，盐1/2小匙，白糖2小匙，粗黑胡椒粉1/4小匙，水淀粉2大匙

做法

1. 热锅，倒入约2大匙色拉油，放入牛胸肉块略炒至表面微焦后，加入洋葱丁、蒜末、匈牙利红椒粉以小火炒香。
2. 加入西红柿糊略炒匀后，倒入水及胡萝卜块、土豆块、百里香、粗黑胡椒粉煮开。
3. 转小火盖上锅盖续煮约15分钟，至牛胸肉及土豆块熟软，加入盐及白糖调味，用水淀粉勾芡，即可淋至米饭边上享用。

红酒牛肉烩饭

材料

牛胸肉250克，米饭1碗，洋葱60克，蒜末20克，胡萝卜80克，蘑菇60克，水200毫升，色拉油2大匙

调料

红酒100毫升，番茄酱2大匙，盐1/2小匙，白糖2小匙，粗黑胡椒粉1/4小匙，水淀粉2大匙

做法

1. 牛胸肉、胡萝卜及蘑菇洗净切小块；洋葱洗净切片；米饭装盘备用。
2. 热锅，倒入色拉油，放入牛胸肉略炒至表面微焦后，加入洋葱片及蒜末炒香。
3. 加入红酒、水、番茄酱及胡萝卜块、蘑菇块，煮开后转小火盖上锅盖，续煮约20分钟至牛胸肉变软。
4. 加入粗黑胡椒粉、盐及白糖调味，用水淀粉勾芡，即可淋至饭上享用。

西班牙烩饭

材料

米饭1碗，鱿鱼肉100克，鲷鱼肉50克，蛤蜊10个，白虾10尾，芹菜末10克，洋葱丁20克，蒜末10克，西红柿丁40克，高汤150毫升，色拉油2大匙

调料

姜黄粉1/4小匙（或西红花少许），盐1/2小匙，意大利综合香料1/6小匙

做法

1. 鱿鱼肉及鲷鱼肉洗净切小片；白虾洗净剪去长须；蛤蜊吐沙后洗净备用。
2. 热锅，倒入色拉油，放入芹菜末、洋葱丁及蒜末爆香，加入鱿鱼、鲷鱼肉、虾仁、蛤蜊、西红柿丁炒匀，加入所有调料煮开。
3. 放入米饭一起翻炒至均匀后铺平，盖上锅盖转小火焖煮约1分钟后关火，续焖约5分钟后即可装盘享用。

葡式海鲜烩饭

材料

米饭1碗，虾仁80克，鲷鱼肉60克，鱿鱼肉80克，蛤蜊6个，甜椒片（红，黄）80克，芦笋80克，洋葱丁30克，蒜末10克，色拉油2大匙，高汤230毫升

调料

姜黄粉1小匙，白葡萄酒30毫升，盐1/2小匙，白糖1/2小匙，白胡椒粉1/4小匙，水淀粉2大匙，香油1小匙

做法

1. 所有材料洗净。虾仁用刀划开背部；鱿鱼切圈、鲷鱼肉切小片；芦笋切小段；米饭装盘。
2. 热锅，倒入2大匙色拉油，放入洋葱、蒜末爆香，加入所有海鲜料翻炒均匀。
3. 加入白葡萄酒、甜椒、芦笋、姜黄粉炒匀，加入高汤及盐、白糖、白胡椒粉煮开。
4. 用水淀粉勾芡，洒上香油，淋至饭上享用。

越式虾仁春卷

材料

虾10尾，芦笋1把，苜蓿芽1盒，西红柿1个，罗勒3根，越南春卷皮4片

酱料

美乃滋1大匙，番茄酱1小匙

做法

1. 虾先放入沸水中汆烫过水，再将虾壳剥除备用。
2. 芦笋去蒂头，放入沸水中汆烫过水；西红柿洗净切小条状，备用。
3. 将所有调料调匀成酱汁备用。
4. 将越南春卷摊开，喷上少许的开水，依序铺上苜蓿芽、虾、西红柿条、芦笋、罗勒，淋上酱汁，再缓缓将春卷皮卷起。
5. 将卷好的春卷切成小段状摆盘，再搭配混匀的酱料享用即可。

越式鸡丝春卷

材料

鸡胸肉1片，越南春卷皮3张，小黄瓜1条，红辣椒1/3根，香菜2根，绿豆芽20克，香菜末少许，花生碎1大匙

调料

鱼露1大匙，甜鸡酱3大匙

做法

1. 将鸡胸肉放入冷水中以中火煮开，再煮约5分钟，然后盖上锅盖焖20分钟，放凉后再切成丝状；将香菜末、花生碎和所有调料混合均匀即成花生鱼露甜鸡酱，备用。
2. 将小黄瓜、红辣椒洗净切丝；香菜取叶洗净；绿豆芽汆烫过水备用。
3. 将越式春卷皮放入冷水中，泡约5秒至软，摊平，铺入鸡胸肉丝及所有蔬菜丝，淋入花生鱼露甜鸡酱，最后卷起来切段即可。

粿条蒸虾卷

材料

客家粿条	1大片
虾仁	120克
猪绞肉	100克
葱	1根
蒜	2瓣
红辣椒	1/3根
蛋清	1个

调料

香油	1小匙
淀粉	1小匙
酱油	1小匙

做法

1. 将粿条切成二等份再对切备用。
2. 虾仁洗净切碎；猪绞肉切碎；蒜与葱、红辣椒都洗净切成碎末。所有材料再一起加入所有调料搅拌均匀，并且将猪绞肉摔捏至出筋备用。
3. 将搅拌好的猪绞肉取适量平铺在粿条上，将粄条缓缓卷起成圆柱状，放入蒸笼蒸约10分钟。
4. 将蒸好的粿条卷切小块后摆盘，以桔酱与绿豆苗（均为材料外）装饰即可。

墨西哥鸡肉口袋饼

材料

鸡肉丝	80克
洋葱丝	10克
蘑菇片	10克
红甜椒丝	少许
黄甜椒丝	少许
生菜叶	2片
小黄瓜片	少许
胡萝卜口袋饼	1个
色拉油	少许

调料

墨西哥红椒粉	1大匙
白酒	1大匙
盐	1/4小匙

做法

1. 锅烧热，倒入色拉油，炒香洋葱丝，再加入蘑菇片、鸡肉丝和所有调料拌炒均匀，即为墨西哥鸡肉馅料。
2. 将胡萝卜口袋饼放进烤箱略烤至热后切开，在其口袋中依序放入生菜叶、小黄瓜片、红甜椒丝、黄甜椒丝和墨西哥鸡肉馅料即可。

翠绿春卷

材料

越南春卷皮　3张
绿豆芽　5克
苜蓿芽　10克
甜玉米粒　10克
香菜　5克
胡萝卜丝　5克
花生末　1/2小匙
色拉油　少许

调料

泰式甜鸡酱　1大匙

做法

1. 取锅加入少许色拉油，油热后放入越南春卷皮，以小火煎至呈金黄色即可捞起；绿豆芽洗净，放入沸水中汆烫至熟捞起备用。
2. 将煎好的越南春卷皮摊开、铺平，在春卷皮中间的1/3处，分别放上绿豆芽、苜蓿芽、甜玉米粒、香菜、胡萝卜丝、花生末等。
3. 用汤匙舀起泰式甜鸡酱，均匀淋在馅料上，将春卷皮下方的1/3覆盖在馅料上，包住馅料卷起呈长筒状，再用刀斜切成段，摆入盘中即可。

蔬菜蛋饼

材料

蛋饼皮	1张
圆白菜丝	50克
罗勒	少许
鸡蛋	1个
色拉油	少许

调料

盐	少许
辣椒酱	少许

做法

1. 鸡蛋打入碗中搅散，加入圆白菜丝、罗勒叶和盐拌匀备用。
2. 取锅，加入少许色拉油烧热，倒入蛋液，再盖上蛋饼皮煎至两面金黄即可盛起切片。
3. 食用时可搭配辣椒酱。

大厨私房招

平底锅最适合用来煎饼，但需注意火候不可过大，避免饼皮过熟而焦黑，且需不时转动饼皮，使受热均匀一致。

蔬菜海鲜煎饼

材料

虾仁100克，鲷鱼1片，圆白菜120克，洋葱1/3个，蒜3瓣，红辣椒1/3个，面粉30克，鸡蛋3个，水适量

调料

淀粉10克，香油1小匙

做法

1. 虾仁洗净去沙筋；鲷鱼洗净切小丁；圆白菜和洋葱洗净切丝；蒜和红辣椒切片，备用。
2. 将所有调料一起用搅拌器搅拌均匀成粉浆。
3. 将虾仁、圆白菜等所有材料依序加入粉浆中，搅拌均匀备用。
4. 取平底锅，倒入搅拌好的面糊，盖上锅盖以中小火焖煎至双面上色，待食材全部熟透即可取出，切片享用。

海鲜煎饼

材料

虾仁30克，鲟味棒30克，洋葱1/3个，蒜3瓣，红辣椒1/3个，色拉油1大匙，面粉60克，鸡蛋3个

调料

盐少许，白胡椒少许，淀粉1小匙，酱油1小匙，香油少许

做法

1. 洋葱洗净切丝；蒜与红辣椒洗净切片；鲟味棒和虾仁切丁，再全部洗净备用。
2. 取一个钢盆，加入面粉、鸡蛋、所有调料后混合搅拌均匀，再将洋葱、蒜片、辣椒片、鲟味棒、虾仁依序加入，搅拌均匀成面糊。
3. 取一只平底锅，加入1大匙色拉油烧热，再倒入搅拌好的面糊，以中小火煎至双面上色且熟即可。可用少许青椒丝、红椒丝装饰。

培根蛋薄饼卷

材料

培根2片，蛋饼皮1张，洋葱丝30克，鸡蛋1个，色拉油2小匙

做法

1. 平底锅加热，倒入约1小匙的色拉油，放入培根片煎香后取出。
2. 于锅中再加入1小匙色拉油，锅加热后放入蛋饼皮煎至金黄后铲出，倒入打散鸡蛋，再盖上饼皮煎约1分钟，煎至鸡蛋熟即可取出。
3. 将培根及洋葱丝放入煎好的饼皮中，卷起饼皮成圆筒状切段即可。

火腿蛋饼

材料

火腿片2片，葱油饼皮1张，鸡蛋1个，葱花2大匙

调料

盐少许，酱油膏适量，色拉油少许

做法

1. 鸡蛋打入碗中搅散，加入葱花和盐拌匀。
2. 取锅，加入少许色拉油烧热，放入火腿片，再倒入蛋液，盖上葱油饼皮煎至两面金黄，包卷成圆条状并切段盛起，最后淋上酱油膏即可。

鲑鱼烤松饼

材料

熟鲑鱼肉200克，松饼粉100克，玉米粒50克，葱1根，色拉油少许，水70毫升

调料

盐少许，黑胡椒粉少许，香油1小匙

做法

1. 鲑鱼洗净，放入平底锅中以中小火煎熟，再将熟鲑鱼肉剥散；玉米粒洗净；葱洗净切成葱花状，备用。
2. 将松饼粉放入容器中，加入所有调料后搅拌均匀，再加入玉米粒、葱花、鲑鱼肉（只放一半）混合拌匀成面糊。
3. 取一平底锅，加入适量色拉油烧热，倒入面糊，以小火将双面煎至上色且熟，再摆上其余一半的鲑鱼肉和葱花即可。

奶酪鸡肉卷

材料

鸡胸肉片300克，墨西哥饼皮2张，生菜叶2片，洋葱丝30克，西红柿片4片，豌豆苗10克，色拉油少许，奶酪片2片

调料

盐1/4小匙，意大利综合香料少许，芥末美乃滋2大匙

做法

1. 鸡胸肉片撒上盐及意大利综合香料腌制3分钟，备用。
2. 平底锅烧热加入少许色拉油，将鸡胸肉片放入锅中，以小火煎至两面微焦熟透，取出切片备用。
3. 将墨西哥饼皮摊平，依序放入洗净的生菜叶、鸡胸肉片、奶酪片、西红柿片、洋葱丝和洗净的豌豆苗，再挤上芥末美乃滋，最后将饼卷起切段即可。

印度鸡肉卷饼

材料

鸡胸肉	300克
熟烤饼	2张
洋葱丝	10克
胡萝卜丝	5克
西芹段	5克
香菜	5克
水	适量
蒜末	3瓣

腌料

酱油	1大匙
盐	1/2小匙
白糖	1小匙
米酒	2大匙
蒜	5瓣
葱	1根
姜片	10克

调料

印度咖喱粉	2大匙
沙茶酱	1小匙
米酒	2大匙
白糖	3大匙

做法

1. 鸡胸肉洗净去骨、去皮，切成厚片状，再加入所有腌料一起拌匀，腌制约20分钟备用。
2. 将全部调料和水、蒜末混合拌匀成烤酱备用。
3. 将腌好的鸡肉串起，放在烤肉架上烘烤，边烤边刷上烤酱，烤约10分钟至肉熟透。
4. 取一张熟烤饼，包入洋葱丝、胡萝卜丝、西芹段、香菜，再包入烤熟的鸡肉，包卷起呈圆筒状并斜切成段即可。

泡菜牛肉卷饼

材料

韩式泡菜 200克，牛肉片200克，筋饼皮2张，生菜叶4片，洋葱丝50克，色拉油少许，水2大匙

调料

蚝油1大匙，米酒1大匙

做法

1. 韩式泡菜与牛肉片切小片。锅烧热，倒入少许色拉油，将洋葱丝下锅略爆香炒匀。
2. 再加入牛肉片下锅炒至松散后，加入韩式泡菜及所有调料，一起以小火炒至汤汁收干后取出。
3. 取一片筋饼皮摊平，铺上生菜叶后，取适量炒好的馅料放入饼中，再将饼卷起即可。

金枪鱼口袋饼

材料

罐头金枪鱼1个，口袋饼 2个，洋葱丁半个，西红柿丁半个，生菜叶2片

调料

盐1小匙，黑胡椒粉1/2小匙，美乃滋1大匙

做法

1. 口袋饼送入烤箱中加热40秒，或微波加热20秒，或放进干锅以小火加热20秒皆可。
2. 金枪鱼、洋葱丁、西红柿丁、盐、美乃滋和黑胡椒粉拌均匀，即为金枪鱼洋葱酱。
3. 生菜叶洗净撕小片，铺在口袋饼内，再填入金枪鱼洋葱酱即可。

白酒蛤蜊意大利面

材料

蛤蜊	12个
天使面	100克
洋葱	1/3个
蒜	2瓣
红辣椒	1/3根
鸡高汤	350毫升
奶油	1大匙

调料

白酒	100毫升
盐	少许
黑胡椒粒	少许
意大利香料	1小匙
月桂叶	1片
橄榄油	1大匙

做法

1. 备沸水，加入1大匙橄榄油和1小匙盐，放入天使面，煮4~5分钟至面熟后捞起泡入冷水中，再加入1小匙橄榄油，搅拌均匀放凉备用。
2. 蛤蜊吐沙后洗净；洋葱洗净切丝；蒜、红辣椒洗净皆切片。
3. 取锅，倒入1大匙橄榄油，放入洋葱丝、蒜片和红辣椒片炒香，再加入鸡高汤煮滚，放入蛤蜊略煮，再加入白酒烧煮至沸腾。
4. 继续于锅中加入煮好的天使面，再加入奶油和其余调料拌炒至面条均匀入味即可。

焗烤千层面

材料

意式千层面 4片
奶酪丝 100克

酱料

Ⓐ
橄榄油 少许
牛绞肉 200克
洋葱末 100克
西芹末 100克
红酒 少许
西红柿糊 1/2罐
月桂叶 2~3片
高汤 300毫升
盐 少许

Ⓑ
奶油 50克
面粉 50克
牛奶 1000毫升

做法

1. 热橄榄油，放入牛绞肉炒熟，加入洋葱末与西芹末拌炒，再倒入红酒煮至酒精蒸发，加入西红柿糊、月桂叶、高汤，小火熬煮约1个小时，最后放入盐，即为意式肉酱。
2. 将奶油放入锅中，加热融化，离火，放入面粉拌匀，再慢慢加入牛奶搅拌均匀，用小火续煮5分钟即为白酱。
3. 千层面煮熟捞起，冲凉沥干备用。
4. 烤盘内抹上一层奶油（分量外），以一层面片一层肉酱的方式层层相叠，最后铺满白酱，撒上奶酪丝，放入烤箱以200℃烤5~8分钟至表面呈金黄色即可。

鳀鱼意大利面

材料

罐头小鳀鱼5条，扁宽面100克，蛤蜊12个，洋葱丝1/3个，西芹末2根，蒜末2瓣，松子仁10克

调料

青酱5大匙，黑胡椒粉适量，盐适量，橄榄油3大匙

做法

1. 煮一锅水至沸腾，于水中加入1大匙橄榄油和1大匙盐（材料外），放入宽扁面，煮约8分钟至面熟后捞起泡入冷水中，再加入1小匙橄榄油，搅拌均匀放凉备用。
2. 取炒锅，加入1大匙橄榄油，先放入松子仁、洋葱丝、西芹末和蒜末炒香，接着放入蛤蜊、水拌煮均匀。
3. 续于锅中加入面条，略煮后加入青酱拌煮，再放入鳀鱼、黑胡椒粉和盐，拌煮至入味即可。

奶油蛤蜊面

材料

蛤蜊12个，意大利面80克，洋葱碎10克，香芹碎1/4小匙，动物性鲜奶油40毫升

调料

盐1/4小匙，白酒1大匙，黑胡椒粉1/4小匙，橄榄油少许

做法

1. 意大利面放入沸水中煮熟后，捞起泡入冷水至凉，再以少许橄榄油拌匀，备用。
2. 蛤蜊放在加入少许盐的水中吐沙，备用。
3. 热油锅，炒香洋葱碎，加入动物性鲜奶油、其余调料及蛤蜊，煮到蛤蜊都开口后，加入意大利面拌匀，最后撒上香芹碎拌匀即可。

泰式鸡肉面

材料

鸡胸肉100克，意大利面（细圆面）150克，蒜3瓣，红甜椒半个，炸腰果50克，香菜叶少许

调料

泰式辣椒粉1大匙，酱油1大匙，橄榄油少许

做法

1. 在煮沸的盐水(1%浓度)中加少许色拉油，放入意大利面煮熟，捞起沥干备用。
2. 将蒜切片，鸡胸肉洗净切丝，红甜椒洗净切丝备用。
3. 将少许橄榄油在锅中烧热，放入蒜片爆香，加入鸡胸肉丝翻炒至肉色变白，加入调料拌匀，再放入红甜椒丝与意大利面拌匀，装盘后撒上炸腰果与香菜叶即完成。

和风意大利面

材料

意大利圆直面100克，熏鸡胸肉片30克，苜蓿芽5克，绿豆苗2克

调料

芥末1/2小匙，味醂5大匙，日式酱油1大匙，七味粉1/4小匙，柚子汁1大匙，橄榄油1大匙

做法

1. 煮沸一锅水，加少许盐（材料外），放入意大利圆直面，用筷子搅开，煮8分钟至全熟，捞起沥干。
2. 将面条摊开在大盘上，加点橄榄油拌匀，放凉备用。
3. 将所有调料加入意大利面，混和拌匀，再摆上熏鸡胸肉片、苜蓿芽和绿豆苗即可。

芦笋鸡肉天使意大利面

材料

芦笋段	4根
鸡胸肉	1/3副
天使发面	150克
蒜	1大匙
西红柿	1/4个
煮面水	50毫升
动物性鲜奶油	15毫升

调料

盐	1/4小匙
橄榄油	适量

做法

1. 煮一锅水，加入少许盐（材料外）和橄榄油，放入天使发面煮约2分钟至半熟状，捞出沥干水分，放入大盘中以适量橄榄油拌匀，备用。
2. 鸡胸肉洗净切块；蒜洗净切碎；西红柿洗净切丁。
3. 热锅，放入少许橄榄油，加入蒜碎以中火爆香，接着加入鸡胸肉块炒香，再加入芦笋段、西红柿丁炒均匀。
4. 然后在锅中加入煮面水、盐与半熟的天使发面，煮至汤汁收干，加入动物性鲜奶油拌匀即可。

鸡肉笔管面

材料

鸡胸肉丝40克，笔管面80克，洋葱丝10克，蒜片适量

调料

红酱150克，白酒1大匙，盐1/4小匙，黑胡椒粉1/4小匙，橄榄油少许

做法

1. 笔管面放入沸水中煮8~10分钟至熟后，捞起泡冷水至凉，再以少许橄榄油拌匀，备用。
2. 热油锅，放入蒜片炒至金黄色时，加入洋葱丝、鸡胸肉丝、红酱及笔管面炒匀入味。
3. 于锅中再加入剩余的所有调料拌匀即可。

蒜辣意大利面

材料

蒜片5片，红辣椒片30克，意大利直面（直径为1.6~1.9毫米）150克，煮面水60毫升，香芹碎适量

调料

盐1小匙，胡椒粉1小匙，橄榄油适量

做法

1. 煮一锅水，加入少许盐（材料外）和橄榄油，放入意大利直面煮4~5分钟至半熟状态，即可捞出沥干水分，放入大盘中以适量橄榄油拌匀，备用。
2. 热锅，放入少许橄榄油，加入蒜片、红辣椒片，以小火爆香至蒜片成金黄色。
3. 在锅中加入半熟的面条拌炒均匀，接着加入煮面水、胡椒粉、盐煮至汤汁收干，起锅前撒上香芹碎即可。

意大利肉酱面

材料

猪绞肉	80克
蒜末	1小匙
洋葱末	1大匙
西芹末	1/2大匙
胡萝卜末	1/2大匙
西红柿糊	1/2大匙
西红柿粒	2大匙
意大利圆直面	150克
色拉油	少许
鸡高汤	500毫升
面粉	1大匙

调料

鸡精	1/2大匙
月桂叶	1片
意大利综合香料	1小匙

做法

1. 热油锅，放入猪绞肉以中火炒至金黄色。
2. 另起油锅，炒香蒜末、洋葱末、西芹末和胡萝卜末，再加入意大利综合香料、西红柿糊、西红柿粒、月桂叶和面粉，以小火炒香。
3. 然后加入猪绞肉，倒入鸡高汤，以小火熬煮约20分钟至浓稠状，加入鸡精调味，即成肉酱。
4. 将意大利面放入沸水中煮熟后，捞起泡冷水冷却，沥干再以少许橄榄油（材料外）拌匀备用。
5. 起一油锅，将肉酱加入意大利面炒匀即可。

蒜香意大利面

材料

蒜片1/4小匙，辣椒片1/4小匙，快煮意大利面120克，蒜末少许，罗勒丝1/4小匙，色拉油少许，高汤100毫升

调料

意大利综合香料少许，盐少许，红辣椒末少许

做法

1. 快煮意大利面放入煮沸的水中煮约3分钟后捞起，沥干水分备用。
2. 热锅倒入少量色拉油烧热，放入辣椒片、蒜片和意大利综合香料以中火炒出香味，加入意大利面、辣椒末和蒜末炒匀。
3. 最后加入高汤和罗勒丝拌匀，以小火续煮约1分钟，最后加入盐调味即可。

培根意大利直面

材料

培根2片，意大利直面（直径为1.6~1.9毫米）150克，蒜碎15克，煮面水75毫升，熟蛋黄2个，动物性鲜奶油30毫升

调料

盐适量，粗黑胡椒粒适量，橄榄油适量

做法

1. 意大利直面煮4～5分钟至半熟状态，捞出沥干水分，放入盘中加橄榄油拌匀。
2. 熟蛋黄压碎与动物性鲜奶油拌匀；培根放入沸水中汆烫一下，捞出切小片状，备用。
3. 热平底锅，加入少许橄榄油，放入蒜碎爆香，接着加入培根片炒香。
4. 于锅中加入意大利直面拌炒，再加入煮面水与盐，炒至汤汁收干即关火。
5. 利用锅中的余温加入蛋黄奶油拌匀，接着撒上粗黑胡椒粒即可。

培根笔管面

材料

培根片3片，笔管面100克，洋葱丝适量，蒜片10克，西芹丁适量，胡萝卜丁适量，橄榄油3大匙

调料

白酱5大匙，意大利综合香料少许，盐少许，黑胡椒少许

做法

1. 煮一锅水至沸，将笔管面放入，于水中加入1大匙橄榄油和1小匙盐（材料外），煮约8分钟至笔管面软化且熟后，捞起泡入冷水中，再加入1小匙橄榄油，搅拌均匀放凉备用。
2. 取一只砂锅，另入1大匙橄榄油，先放入蒜片和培根片炒香，再加入胡萝卜丁、洋葱丝、西芹丁拌炒，接着加入白酱拌匀，续加入其余调料拌煮均匀，最后加入笔管面，混合拌煮至面条入味即可。

培根蛋奶面

材料

培根30克，动物性鲜奶油30毫升，洋葱丝10克，蛋黄1个，扁宽面80克，香芹碎1/4小匙

调料

白酒20毫升，奶酪粉1大匙

做法

1. 扁宽面放入沸水中煮熟后，捞起泡冷水至凉，再以少许橄榄油（材料外）拌匀；培根切条状备用。
2. 热油锅，放入洋葱丝、培根炒香，加入动物性鲜奶油及扁宽面以小火拌煮约1分钟至面入味。
3. 起锅前加入所有调料拌匀，撒上香芹碎，再将蛋黄放至于面中央即可。

鲜虾意大利面

材料

去皮西红柿丁2大匙，蒜末1/2小匙，新鲜虾仁80克，意大利天使面80克，香菜末1/4小匙，洋葱末1/2大匙，辣椒水1/4小匙

调料

番茄酱1大匙，柠檬汁1大匙，BB酱1小匙，盐1/4小匙，黑胡椒粉1/4小匙，橄榄油1大匙，红辣椒末1/2小匙

做法

1. 将意大利天使面放入沸水中煮3~4分钟至全熟，捞起沥干，加入适量橄榄油拌匀。
2. 新鲜虾仁洗净，放入沸水中汆烫至熟，捞起泡冰开水备用。
3. 将除虾仁和天使面外的所有材料和所有调料拌匀成西红柿莎莎酱备用。
4. 将天使面卷起放入盘中，再淋上3大匙西红柿莎莎酱，最后摆上虾仁即可。

西红柿凉拌细面

材料

西红柿1个，意大利细面1小把，虾仁120克，罗勒2根，红辣椒1根，辣椒水少许

调料

番茄酱1大匙，橄榄油1大匙，盐少许，黑胡椒少许

做法

1. 虾仁去沙筋，放入沸水中汆烫熟备用；西红柿洗净切小块。
2. 将意大利细面放入沸水中煮10分钟，捞起滤冷水后备用。
3. 罗勒洗净切丝；红辣椒洗净切丝备用。
4. 将虾仁、意大利面、西红柿块、罗勒丝、红辣椒丝、辣椒水与所有调料一起搅拌均匀，再将面条卷起装盘即可。

凉拌海鲜面

材料

什锦海鲜（虾仁、墨鱼、蛤蜊）100克，天使面100克，香菜末1/4小匙

调料

泰式酸辣酱2大匙（请见137页南洋风味意大利面做法4）

做法

1. 将综合海鲜料放入沸水中，烫熟后捞起泡入冰水中备用。
2. 水沸后，放入天使面煮约6分钟，捞起放入碗中。
3. 在盛有面条的碗中淋上泰式酸辣酱汁，再加入综合海鲜料拌匀，最后再撒上香菜末即可。

金枪鱼沙拉面

材料

罐头金枪鱼100克，笔管面150克，洋葱30克，水煮蛋1个，罗勒叶1/2大匙

调料

粗黑胡椒粒1/4小匙，美乃滋50克，橄榄油适量

做法

1. 煮一锅沸水，加入少许盐（材料外）和橄榄油，放入笔管面煮10～12分钟至熟，捞出沥干水分，以适量橄榄油拌匀，备用。
2. 洋葱洗净切碎；罗勒叶洗净切碎；水煮蛋的蛋白与蛋黄分开，蛋白切碎、蛋黄压碎，备用。
3. 将罐头金枪鱼内的油全部沥干，加入洋葱碎、蛋白碎与粗黑胡椒粒拌匀，接着加上美乃滋、罗勒碎与笔管面拌匀，食用前加上蛋黄碎即完成。

什锦菇意大利面

材料

杏鲍菇片50克，新鲜香菇片1朵，秀珍菇30克，意大利直面150克，西蓝花50克，蒜碎15克，红辣椒碎10克，煮面水60毫升，罗勒碎适量

调料

胡椒粉1/4小匙，蚝油1大匙，橄榄油适量

做法

1. 煮沸水，放入意大利直面煮4~5分钟至半熟，放入大盘中以适量橄榄油拌匀。
2. 西蓝花洗净切小朵，入沸水略汆烫，备用。
3. 热一平底锅，放入少许橄榄油，加入蒜碎、红辣椒碎以小火爆香，接着放入杏鲍菇片、洗净的秀珍菇、新鲜香菇片炒香。
4. 在锅中加入煮面水、蚝油、胡椒粉与半熟的意大利直面，煨煮至汤汁收干，起锅前加入西蓝花、罗勒碎，拌匀即可。

南瓜鲜虾面

材料

绿藻面150克，虾仁3尾，高汤400毫升

调料

盐1/4小匙，白酒30毫升，橄榄油适量

酱料

南瓜泥200克，无盐奶油20克，面粉1大匙，高汤100毫升

做法

1. 水煮沸后，放入绿藻面煮约8分钟捞起备用。
2. 取锅放入无盐奶油，加入面粉以小火炒香，再加入南瓜泥拌匀，倒入高汤搅拌至无颗粒，即为南瓜酱。
3. 在平底锅中倒入橄榄油，放入虾仁炒香，再淋上白酒，然后加入盐和高汤略煮，再放入南瓜酱100克炒约1分钟，最后再放入煮熟的绿藻面拌匀即可。

南洋风味意大利面

材料

意大利菠菜面　100克
什锦海鲜　80克
（墨鱼、鲜干贝、虾仁、鱼片）
芦笋段　30克
圣女果片　5克
红辣椒片　1小匙
蒜末　1/2小匙
香菜末　1/4小匙

调料

泰式鱼露　3大匙
椰糖　1大匙
红辣椒末　1/2小匙
柠檬汁　2小匙
泰式辣油　1小匙

做法

1. 煮沸水，加少许盐（材料外），放入意大利菠菜面，用筷子搅开，煮8分钟至全熟，捞起沥干。
2. 将面条摊开在大盘上，加点橄榄油（材料外）拌匀，放凉备用。
3. 将什锦海鲜放入沸水中，汆烫至熟后捞起泡冰开水；芦笋段焯烫后备用。
4. 将蒜末、香菜末和所有调料拌匀成泰式酸辣酱。
5. 将意大利菠菜面加入3大匙泰式酸辣酱拌匀，再摆上什锦海鲜、芦笋段、圣女果片和红辣椒片拌匀即可。

什锦菇蔬菜面

材料

蘑菇片5克，鲜香菇片3克，鲍鱼菇片5克，洋葱丝5克，红甜椒丝、黄甜椒丝、青甜椒丝各10克，意大利面80克，蒜片适量

调料

白酒10毫升，盐1/4小匙，黑胡椒粉1/4小匙，奶酪粉1/2小匙

做法

1. 意大利面放入沸水中煮熟后，捞起泡冷水至凉，再以少许橄榄油（材料外）拌匀备用。
2. 热锅，大火炒香所有菇片后，加入洋葱丝、意大利面、甜椒丝、蒜片及所有调料拌炒入味即可。

铁板牛柳比萨

材料

脆皮比萨饼皮1片（做法请见141页），奶酪丝100克，鲜嫩牛肉片100克，青椒20克，洋葱10克，蘑菇10克

调料

黑胡椒酱2大匙

做法

1. 将青椒和洋葱洗净切丝；蘑菇洗净切片备用。
2. 热一油锅，炒香洋葱丝、蘑菇片，再加入调料、牛肉片和青椒丝，以小火炒熟即可关火。
3. 取一片饼皮，放上以上材料，再撒上奶酪丝，放入已预热好的烤箱，以上火200℃、下火150℃，烤约6分钟即可。

肉酱香肠蔬菜比萨

材料

德国香肠	2根
西蓝花	30克
脆皮比萨饼皮	1个
比萨奶酪丝	适量

调料

罐头肉酱	30克

做法

1. 将德国香肠切斜片；西蓝花摘小朵，洗净烫熟备用。
2. 平底锅加热后转小火，将脆皮饼皮放入锅中盖上锅盖，烤至饼皮下层多处呈金黄色，开盖再翻面。
3. 取1大匙肉酱，从饼皮的中心点以向外画圆方式涂满酱汁。
4. 将少许比萨奶酪丝铺在饼皮上，再依序铺上德国香肠片、西蓝花，继续将比萨奶酪丝铺一层在所有材料上。
5. 盖上锅盖，待比萨烤至表面奶酪丝融化后即可取出。

玉米金枪鱼脆皮比萨

材料

罐头玉米粒	30克
罐头金枪鱼	50克
脆皮比萨饼皮	1个
洋葱	20克
青豆	15克
比萨奶酪丝	适量

调料

番茄酱汁	适量

做法

1. 将洋葱洗净切圈；罐头金枪鱼和罐头玉米粒沥干备用。
2. 平底锅加热后转小火，将脆皮饼皮放入锅中盖上锅盖，烤至饼皮下层多处呈金黄色，开盖再翻面。
3. 取1大匙番茄酱汁，从饼皮的中心点以向外画圆的方式涂满酱汁。
4. 将少许比萨奶酪丝铺在饼皮上，再依序铺上洋葱圈、玉米粒、金枪鱼肉，青豆，最后再铺一层奶酪丝。
5. 盖上锅盖，待比萨烤至奶酪丝融化后即可取出。

大厨私房招

脆皮比萨饼皮

材料

高筋面粉240克，低筋面粉60克，水180克，橄榄油15克，酵母粉2克，盐3克

做法

1. 取一钢盆，放入高筋面粉和低筋面粉，将粉堆中间挖一个洞，倒入酵母粉、盐、水，将所有材料和匀，再慢慢倒入橄榄油搅拌均匀。
2. 取出盆中拌匀的面团放置在面板上（面板先撒些面粉），揉压面团至光滑不黏手，接着将面团收圆，放入盆中盖上保鲜膜隔绝空气，再放入冰箱发酵冷藏30分钟。
3. 取出松弛好的面团，分割成3个小面团，滚圆后盖上保鲜膜，松弛20分钟。
4. 取松弛好的面团，压平排气，再用擀面棍擀成薄圆形饼皮即可。

海鲜脆皮比萨

材料

虾仁10尾，蟹肉条6条，扇贝肉15个，脆皮比萨饼皮1个，红甜椒圈30克，西蓝花50克，比萨奶酪丝适量

调料

番茄酱汁适量

做法

1. 将虾仁、蟹肉、扇贝肉洗净烫熟；蟹肉斜切对半；西蓝花摘小朵，洗净烫熟备用。
2. 取一个平底锅，将脆皮饼皮放入锅中，烤至饼皮呈金黄色，开盖再翻面。
3. 取一大匙番茄酱汁，从饼皮的中心点以向外画圆方式涂满酱汁。
4. 将少许比萨奶酪丝铺在饼皮上，再依序铺上红甜椒圈、虾仁、蟹肉条、扇贝肉、西蓝花，续将比萨奶酪丝铺一层在所有材料上。
5. 盖上锅盖，待比萨烤至奶酪丝融化后即可取出。

玛格莉特比萨

材料

脆皮比萨饼皮1个，圣女果1个，罗勒6～10片，比萨奶酪丝适量

调料

番茄酱汁适量

做法

1. 平底锅加热后转小火，将脆皮饼皮放入锅中盖上锅盖，烤到饼皮下层多处呈金黄色，开盖再翻面。
2. 取1大匙番茄酱汁，从饼皮的中心点以向外画圆方式涂满酱汁。
3. 将少许比萨奶酪丝铺在饼皮上，中间摆上1个圣女果，铺上几片罗勒。
4. 盖上锅盖，待比萨烤至奶酪丝融化后即可取出。

韩式烧肉比萨

材料

猪五花肉薄片	200克
脆皮比萨饼皮	1个

（做法请见141页）

蒜	6瓣
青椒	30克
比萨奶酪丝	适量

调料

韩式烧肉酱	2大匙

做法

1. 将烤箱预热至250℃。
2. 蒜洗净切片、青椒洗净切片，备用。
3. 圆烤盘里刷上一层薄薄的橄榄油（材料外），取1个脆皮比萨饼皮放在烤盘中。
4. 取1大匙韩式烧肉酱汁，从饼皮的中心点，以向外画圆方式涂满酱汁。
5. 将少许比萨奶酪丝铺在饼皮上，依序铺上猪五花肉薄片、蒜片、青椒片，再将比萨奶酪丝铺在材料上。
6. 待烤箱预热温度达250℃，将比萨放入烤箱中烤10～12分钟，至表面呈金黄色即可取出。

意式蔬菜比萨

材料

脆皮比萨饼皮　1个
（做法请见141页）
红洋葱　30克
西葫芦　1/2个
蘑菇　3个
西红柿　半个
黑橄榄　3颗
比萨奶酪丝　适量

调料

番茄酱汁　适量

做法

1. 将红洋葱洗净切圈丝；西葫芦洗净切圆片；西红柿洗净切片；蘑菇洗净切片；黑橄榄洗净切片，备用。
2. 烤盘上刷上一层薄薄的橄榄油（分量外），取1个比萨饼皮放入烤盘中。
3. 取1大匙番茄酱，从饼皮的中心点，以向外画圆方式涂满酱汁。
4. 将少许比萨奶酪丝铺在饼皮上，再依序铺上西葫芦片、西红柿片、蘑菇片、红洋葱圈及黑橄榄片，续将一层比萨奶酪丝铺在所有材料上。
5. 待烤箱预热温度达250℃，将比萨放入烤箱中烤5~8分钟，至表面呈漂亮金黄色即可取出。

PART 5

名店好喝汤品

不管是东方人还是西方人，用餐时都少不了汤品。汤品不仅可以开胃，还能增添用餐的风味。有些汤品甚至能够替代主食，让人有饱腹感。好汤不仅仅存在于高档餐馆，不论清汤还是浓汤，只要掌握好烹调的步骤和火候，在家也能煮出美味的汤品来。

花生仁炖百合

材料

花生仁80克，干百合20克，水600毫升

调料

冰糖2大匙

做法

1. 花生仁浸泡一夜，取出沥干水分备用。
2. 干百合泡水1个小时变软，沥干水分备用。
3. 将花生仁、百合、冰糖和水，放入电饭锅中，按下煲汤键，煮至开关跳起即可。

银耳莲子汤

材料

银耳20克，莲子60克，红枣20颗，桂圆肉20克，水800毫升

调料

白糖30克

做法

1. 银耳用清水浸泡约20分钟至胀发后洗净，剪去蒂头剥小块；莲子泡水60分钟，备用。
2. 将所有材料放入电饭锅中，盖上锅盖，按煲汤键，待开关跳起，续焖10分钟后，加入白糖调味即可。

蛤蜊巧达汤

材料

蛤蜊	300克
洋葱	1/4个
胡萝卜	20克
西芹	30克
土豆	100克
培根	20克
奶油	30克
高汤	800毫升
鲜奶油	100毫升
面糊	2大匙

调料

白酒	少许
百里香	少许
月桂叶	1片
Worcester汁（伍斯特郡辣酱）	1/2小匙

做法

1. 将蛤蜊泡水吐沙洗净；洋葱去皮后洗净，切碎备用。
2. 将胡萝卜、土豆去皮、洗净，西芹洗净，一起与培根切成小粒备用。
3. 锅中放入奶油加热至融化后，加入碎洋葱以小火炒至变软，再加入白酒、百里香、月桂叶和高汤一起煮匀。
4. 将蛤蜊加入锅中，煮至蛤蜊微开后，将蛤蜊捞出，然后取出蛤蜊肉备用。
5. 将胡萝卜、土豆块、西芹、培根料放进锅中，以小火煮约30分钟后加入鲜奶油，再徐徐加入面糊煮至浓稠，淋入Worcester汁，最后撒上蛤蜊肉即可。

波士顿浓汤

材料

土豆半个，水100毫升，奶油30克，蒜碎10克，洋葱丝50克，熟鸡肉丁50克，芹菜珠2克，低筋面粉14克，高汤300毫升，牛奶100毫升

调料

盐少许，白糖少许，月桂叶1片

做法

1. 土豆加水用果汁机打成汁备用。
2. 取一平底锅，用小火将奶油融化，放入月桂叶、蒜碎、洋葱丝、鸡肉丁、芹菜珠、低筋面粉，以小火炒约5分钟至香味溢出。
3. 依序将高汤、牛奶、土豆汁加入锅中，拌匀煮开后续煮5分钟，再以盐、白糖调味即可。

梨肉鲜汤

材料

梨1个，嫩姜丝3克，高汤600毫升

调料

盐少许，白胡椒粉少许，味噌1小匙

做法

1. 梨削下外皮保留，果肉切成10等份瓣状，去核备用。
2. 取电饭锅，放入所有材料。
3. 按煲汤键，待开关跳起，挑除梨皮，加入其余调料即可。

芋头西米露

材料

芋头半个，西米100克，水6杯

调料

白糖5大匙，椰奶适量

做法

❶ 芋头去皮切小丁放入电饭锅。

❷ 锅中再加入5杯水，盖上锅盖按下开关，待开关跳起，放入西米。

❸ 再加1杯水，盖上锅盖按下开关，待开关跳起，加白糖及椰奶调味即可。

咖喱南瓜汤

材料

南瓜300克，牛奶100毫升，水400毫升，蒜末5克，咖喱块1块，色拉油适量

调料

咖喱粉1大匙，鱼露1/2大匙，黑胡椒粉适量

做法

❶ 南瓜洗净，带皮切成薄片备用。

❷ 热锅，倒入适量的色拉油，放入蒜末炒香，加入南瓜片拌炒一下后，加入咖啡粉炒匀。

❸ 加入水煮至南瓜变软，开火后稍待冷却，倒入果汁机中打成泥。

❹ 将打好的果汁泥放入锅中煮至沸腾，加入牛奶、咖喱块、鱼露及黑胡椒粉调味即可。

绿豆山药汤

材料

绿豆	500克
山药	500克
红枣	50克
水	10杯

调料

冰糖	2大匙

做法

1. 将绿豆、红枣洗净后泡水约10分钟，备用。
2. 山药削皮后切成约1厘米左右的小丁状。
3. 电饭锅加入10杯水、绿豆、红枣，再加入山药煮至开关跳起。
4. 最后加入冰糖，焖3分钟让冰糖溶化即可。

萝卜荸荠汤

材料

白萝卜150克，胡萝卜100克，荸荠200克，芹菜段适量，姜片15克，水800毫升

调料

盐1/2小匙，鸡精1/4小匙

做法

1. 将荸荠去皮，白萝卜及胡萝卜洗净去皮后切小块，一起放入沸水中汆烫约10秒后取出洗净，与姜片一起放入电饭锅中，倒入800毫升水。
2. 按下开关蒸至开关跳起后，加入芹菜段与调料调味即可。

金针菇榨菜汤

材料

金针菇1把，榨菜100克，葱段10克，猪五花肉薄片60克，水600毫升

调料

Ⓐ 盐少许，白胡椒粉少许 Ⓑ 香油少许

做法

1. 榨菜切丝后洗净沥干；金针菇洗净去蒂头后对切；猪五花肉薄片洗净切小段，加入调料A抓匀，备用。
2. 热锅，倒入少许香油，加入猪五花肉薄片炒至变白，放入葱段、榨菜丝炒香。
3. 加入金针菇段略炒，再加入水煮至沸腾，起锅前再加入香油即可。

鲜鱼味噌汤

材料

鲜鱼1尾，水5杯，葱1根

调料

味噌4大匙

做法

1. 鲜鱼去鳞、去内脏洗净切块；葱洗净切葱花，备用。
2. 取电饭锅，加5杯水后盖锅盖后按下开关。
3. 待锅内水沸后放入鲜鱼块，盖上锅盖待水再度沸腾时，放入味噌搅拌均匀，撒入葱花即可。

西红柿鱼汤

材料

西红柿1个，炸鱼1尾，葱1根，水6杯

调料

盐少许，番茄酱5大匙，白糖1大匙

做法

1. 葱洗净切段；西红柿洗净去蒂头切块；炸鱼切块，备用。
2. 取电饭锅，放入葱段、西红柿块、番茄酱、白糖、水，按下开关。
3. 待开关跳起，放入炸鱼块，再按下开关，再煮至开关跳起，加盐调味即可。

糯米百合汤

材料

糯米80克，干百合20克，水800毫升

调料

白糖2大匙

做法

1. 糯米洗净，泡水2个小时后，沥干水分备用。
2. 干百合泡水1个小时至变软，沥干水分备用。
3. 将糯米、百合、白糖和水，放入电饭锅中，按下开关，煮至开关跳起即可。

杏鲍菇蔬菜丸汤

材料

杏鲍菇80克，虾仁150克，青菜末20克，胡萝卜末10克，姜末5克

腌料

盐适量，香油适量，白胡椒粉适量，米酒适量，淀粉适量

调料

盐1大匙，水900毫升，白糖1小匙，白胡椒粉少许

做法

1. 虾仁剁成泥，加入青菜末、胡萝卜末、姜末及腌料拌匀，捏成数颗球状；杏鲍菇洗净切片，备用。
2. 取一电饭锅，放入虾球和杏鲍菇，加入调料，盖上锅盖，按煲汤键，煮至开关跳起，食用时搭配葱花（材料外）即可。

姜汁红薯汤

材料

姜100克，红薯1个（约30克），水6杯

调料

红糖适量

做法

1. 姜去皮切块打汁；红薯去皮切块，备用。
2. 取一电饭锅，放入红薯、姜汁及水6杯。
3. 盖锅盖后按下煲汤键，待开关跳起后，加红糖调味，即可盛碗。

南瓜浓汤

材料

南瓜（带皮）300克，蒜末10克，奶油30克，蔬菜高汤400毫升，牛奶250毫升，炒过的松子仁20克，香芹末少许

调料

盐少许，黑胡椒粉少许，橄榄油1大匙

做法

1. 将南瓜洗净，去籽后切小片。
2. 取一锅，放入奶油和橄榄油烧热，加入蒜末小火炒出香味，再加入南瓜片充分拌炒，倒入蔬菜高汤煮至南瓜熟软，取出备用。
3. 待煮好的南瓜汤降温至微温，放入果汁机中，加入炒过的松子仁搅打至呈泥状，倒回锅中，并加入牛奶煮至接近沸腾，以盐调味后盛出，最后撒上黑胡椒粉与香芹末即可。

附录

DIY甜点

甜点，绝对是咖啡馆风不可少的调剂品。下午茶或是餐后来款甜点，心情也会变得愉悦起来。许多甜点制作简便，想吃的话，不妨自己试着做做看吧！

经典布朗尼

材料

奶油	880克
全蛋	960克
苦甜巧克力	680克
低筋面粉	320克
可可粉	125克
杏仁粉	150克
香蕉	300克
蜜核桃仁	800克

调料

白糖	1200克
糖粉	少许
巧克力酱	少许

大厨私房招

自制蜜核桃仁

材料

生核桃仁100克，白糖20克，兰姆酒20克

做法

1. 将生核桃仁洗净，沥干水分。
2. 所有材料放入大碗中充分混合均匀。
3. 倒入平烤盘中，压平使每颗核桃仁不会互相重叠，移入预热好的烤箱，以上火180℃、下火180℃烘烤约8分钟，至表面干酥即可。

做法

❶ 蜜核桃仁切碎；香蕉去皮切片，备用。

❷ 苦甜巧克力切碎后放入小锅中，以隔水加热方式使其充分融化，将外锅水温维持在约50℃保温备用。

❸ 将低筋面粉、可可粉与杏仁粉混合一起过筛备用。

❹ 奶油放于室温中软化后，与白糖一起放入搅拌缸中，以慢速搅拌至微发，分次加入全蛋，以中速搅拌至完全均匀，再倒入混合后的低筋面粉等料。

❺ 然后继续以中速搅拌均匀后，慢慢加入融化的巧克力拌匀，再加入香蕉片，搅拌至看不出香蕉片颗粒。

❻ 加入蜜核桃仁碎稍微拌匀，倒入铺好烤盘纸的平烤盘中并抹平，移入预热好的烤箱，以上火170℃、下火180℃烘烤约40分钟。

❼ 取出散热降温后脱模，表面撒上少许糖粉，并挤上巧克力酱即可。

重奶酪蛋糕

材料

奶油奶酪	750克
蛋黄	4个
蛋清	4个
香草海绵蛋糕8寸（约1厘米厚度）	1片

调料

白糖	160克
香油	少许

做法

❶ 将奶油奶酪放室温软化后，加入80克白糖搅打至变软，再加入蛋黄拌匀至无颗粒状，备用。

❷ 将蛋清及剩余的80克白糖一起打发至湿性发泡。

❸ 然后将其倒入奶酪糊中拌匀，即为奶酪面糊。

❹ 取一个8寸奶酪模，先在模内涂抹上一层薄油。

❺ 先将厚约1厘米的香草海绵蛋糕铺于奶酪模型底层。

❻ 于模中倒入奶酪面糊至八分满并以抹刀整形。

❼ 再把奶酪模放在铺有冷水的烤盘上面，以上火200℃、下火150℃，烤约30分钟上色后，转上火至150℃再烤90分钟。

❽ 取出烤好的重奶酪蛋糕，待凉后放入冰箱冷冻至冰硬，取出脱模即可。

杏仁霜冰蛋糕

材料

杏仁粉	25克
榛果粉	25克
蛋黄	2个
蛋清	2个
威士忌	10克
动物性鲜奶油	250毫升

调料

白糖A	20克
白糖B	50克
巧克力酱	适量

大厨私房招

1. 蛋糕冷藏取出后，使用毛巾以沾水的方式擦拭烤模几次即可脱模，千万不可使用喷枪，不然蛋糕会融化。
2. 切块时不可使用热刀。
3. 本蛋糕使用模具为6寸蛋糕模，是3~4人份。

做法

❶ 将杏仁粉、榛果粉以上火、下火各150℃烤至粉上色，备用。

❷ 将动物性鲜奶油拌打至五分发，有微微纹路即可，放入冰箱冷藏，备用。

❸ 将蛋黄、白糖A混合拌匀，以隔水加热的方式搅拌至浓稠。

❹ 取蛋清与白糖B拌打至五分发，再加入威士忌拌匀。

❺ 取蛋黄白糖液与杏仁粉、榛果粉混合拌匀，接着取1/3蛋清白糖液混合拌匀后，再加入剩下的2/3拌匀。

❻ 将冷藏的鲜奶油从冰箱取出，与面糊混合拌匀，即可倒入烤模中，冷藏12小时后取出，食用前淋上巧克力酱装饰即可。

焗烤奶油布丁

材料

吐司	3片
牛奶	250毫升
鸡蛋	2个
奶油	1大匙
葡萄干	1大匙

调料

糖粉	1小匙

做法

❶ 牛奶和鸡蛋混合成牛奶蛋液；吐司切对角，备用。

❷ 取一烤盘涂抹上少许奶油（分量外），以防黏附。

❸ 吐司片排入盘内，撒上葡萄干，均匀淋入牛奶蛋液，静置10分钟。

❹ 把烤盘放入预热至150℃的烤箱中，烤约15分钟，取出涂上奶油，再以220℃烤约3分钟后取出，撒上糖粉即可。

图书在版编目（CIP）数据

超人气咖啡馆轻食餐 / 杨桃美食编辑部主编 . -- 南京：江苏凤凰科学技术出版社，2015.7（2019.4 重印）
（食在好吃系列）
ISBN 978-7-5537-4226-7

Ⅰ . ①超… Ⅱ . ①杨… Ⅲ . ①食谱 Ⅳ . ① TS972.12

中国版本图书馆 CIP 数据核字 (2015) 第 048769 号

超人气咖啡馆轻食餐

主　　编	杨桃美食编辑部
责任编辑	张远文　葛昀
责任监制	曹叶平　方晨
出版发行	江苏凤凰科学技术出版社
出版社地址	南京市湖南路 1 号 A 楼，邮编：210009
出版社网址	http://www.pspress.cn
印　　刷	天津旭丰源印刷有限公司
开　　本	718mm × 1000mm　1/16
印　　张	10
插　　页	4
版　　次	2015年7月第1版
印　　次	2019年4月第2次印刷
标准书号	ISBN 978-7-5537-4226-7
定　　价	29.80元

图书如有印装质量问题，可随时向我社出版科调换。